在不安的生活里，给自己安全感

冯晓悦 编著

中国纺织出版社有限公司
国家一级出版社
全国百佳图书出版单位

内 容 提 要

世间所有的快乐和痛苦的决定权在我们自己手里，一个人只有内心安宁才能成为生活的强者、人生的赢家，才能在人生路上无论遇到什么都能心无旁骛、努力向前、把握幸福。

这是一本帮助我们进行心灵归位的暖心之作，旨在帮助我们找寻让内心安宁的钥匙。全书深入浅出地教会我们如何在不安的世界里努力提升自己、修身养性，让自己获得平和的心境，引导广大读者把智慧融进生活里，获得幸福的人生。

图书在版编目（CIP）数据

在不安的生活里，给自己安全感 / 冯晓悦编著.-- 北京：中国纺织出版社，2019.7（2024.4重印）
ISBN 978-7-5180-6101-3

Ⅰ.①在… Ⅱ.①冯… Ⅲ.①成功心理—通俗读物 Ⅳ.①B848.4-49

中国版本图书馆CIP数据核字（2019）第063520号

责任编辑：闫 星　　特约编辑：王佳新　　责任印制：储志伟

中国纺织出版社出版发行
地址：北京市朝阳区百子湾东里A407号楼　邮政编码：100124
销售电话：010-67004422　传真：010-87155801
http：//www.c-textilep.com
E-mail：faxing@c-textilep.com
中国纺织出版社天猫旗舰店
官方微博http：//weibo.com/2119887771
北京兰星球彩色印刷有限公司印刷　　各地新华书店经销
2019年7月第1版　2024年4月第3次印刷
开本：880×1230　1/32　印张：6
字数：148千字　定价：59.80元

前 言

人生苦短，尘世中的人们，无论是谁，无论在做什么，穷其一生，追求的大概都是一个共同的目标——获得快乐和幸福，而幸福来自于一份轻松的心情和健康的生活态度，其实，也就是来源于一颗安宁、豁达、宽容、积极的心，也就是我们经常说的“安全感。”

的确，那些幸福、成功的人，他们都有一个强大的的心灵，他们总是敢于走自己的路，他们在追求幸福、成功的道路上，也会遇到他人的非议、怀疑甚至是攻击，但无论遇到什么，他们都会听从内心的声音、坚持自己的信念、注重心灵的充盈，这样，他们勇往直前，从不畏惧，而正是这样专注的精神，让他们免于忧虑，触摸和感受到了真正的幸福。

然而，我们看到的人们在现实中的感受更多是：为什么我这么努力，却还是很穷？为什么我还是买不起房？这个月孩子的补习费从哪里来？为什么别人的生活就那么幸福……你什么都抱怨，什么都想要，但到最后什么也没得到，人生中各种关系，如职场关系、亲子关系等也凌乱如麻。总之你前途渺茫，虽怀揣梦想却被时代裹挟其中，无力感、种种不如意如影随形，你常常感到忧心忡忡、殚精竭虑。

其实，你之所以有这样的“无力感”，是因为你缺乏安全感，而安全感任何人都没办法给你，除了你自己。内心安宁的人，往往足够强大，能以平静、淡然的心态面对周遭的人和事，无论世界怎么变化，他们都能感到心安，因为，只有脆弱的人才会任凭自己的情绪被周遭的事物影响，才会盲目攀比、无尽地抱怨，才会活在阴暗之中。

所以，世间的痛苦和快乐不是被别人操纵着，而是掌握在我们自己的手中，我们是自己幸福的决定者。我们怎样看世界，世界就是什么样子。若以爱心来看世界，那么这个世界就会到处充满爱；若以愤懑的眼光来看世界，那么这个世界就是个怒火焚烧的地狱。

庆幸的是，忙碌于钢筋混凝土中的人们，也逐渐意识到应该寻找让自己心安的良方，因为它能让我们远离浮躁、遏制欲望、豁达为人、抵制诱惑、戒掉抱怨、笑对逆境；能让我们的心在烦琐的生活之外找到一个依托；能让我们更好地工作，更好地生活，更好地提高自己，修炼自己。

然而，我们都是世俗中的人，要做到这点并不容易，生活太琐碎、工作太忙碌、人际交往太复杂，太多的抗争因素，使得我们的心变得焦躁不安。人们也在努力尝试各种方法，然而，我们需要的并不是那些技巧，而只需要以一个局外人的身份、以一种不带任何偏见的眼光审视自己，这就是获得安全感的全部秘密。

要想做到这点，你还需要一个心灵导师，让它引导你抛开世俗的烦恼、帮你发现并接受最本真的自我。而本书就是这样一位导师，跟着它的脚步走，你会逐步找到自己在尘世中的坐标，让自己的心有个归宿。本书针对人们所遇到的每一个问题，给予读者全方位的阐释和建议。阅读完本书后，相信你会有所收获，也能清除掉那些干扰我们前进的心灵污垢，那么，无论外在世界发生了什么，我们都能以一颗淡然的心来面对，都能做到不骄不躁、得失淡然、去留无意、荣辱不惊，读完此书，幸福感便会在你的心头涌动。

编著者

2018年11月

目 录

第01章 生活时阴时晴，学会顺势而为

我们都知道，生活不总是一帆风顺的，我们航行在生活的海洋中，很多时候会遇上大风大浪，甚至狂风暴雨，就算我们驾驶的是一叶扁舟，我们也不能放弃，要做一个最好的掌控生活的水手。只有学会顺势而为，我们才能成功驾驶这只小船驶向理想的彼岸，完成人生的航行。积极面对生活，是我们生存下去的最佳模式，乐观向上的态度可以帮助我们战胜困难，向着更美好的方向前进。

找到恐惧的根源，然后彻底解决

人生在世几乎每个人都曾经体验过恐惧的滋味，也曾遭遇过恐惧的压迫。为了帮助人们解开恐惧之谜，曾经有心理学家针对人们的恐惧心理展开追踪调查。结果显示，有一部分人的恐惧，其实来源于曾经受到的伤害；还有一部分人的恐惧，是因为害怕去面对生活。不管因何而起的恐惧，都深深地影响着我们的生活，让我们无法自拔。

既然恐惧的病根在我们的内心深处，那么消除恐惧的唯一办法，就是治疗我们的心病。和焦虑相比，恐惧的程度更加强烈。恐惧的体验，往往使人们瞬间脸色苍白，也使人们不知不觉间就浑身颤抖，由此可见，和最初毫无症状的焦虑相比，恐惧对人的影响更大，也更加来势汹汹。

倩倩特别怕水，这次的蜜月之旅选择去马尔代夫，实在不是明智之举。其实，丈夫海涛的本意是想帮助倩倩克服对水的恐惧，因为他知道倩倩怕水，却不知道倩倩为什么怕水。

在海涛的坚持下，倩倩与他一起来到海滩。海滩上人很少，不像国内的三亚一样到处都是密密压压的人。因而，海涛牵着倩倩的手，与她一起走在海滩上。很快，随着海浪一浪一浪地扑过来，倩倩的手心沁出了细密的汗。海涛笑着，说：“你看看，你老公的名字就叫海涛，你居然这么怕水。每天我带你去游泳吧，其实没什么可怕的。我是业余游泳的冠军，一定能保护你的安全。”倩倩吓得连连摆手，说：“我就在岸边晒晒太阳，等着你吧。”海涛狡黠地笑了，暗暗下决心一定要把倩倩怕水的毛病治好。当天晚上，他们入住的酒店为他们准备了玫瑰花浴。在柔和的灯光下，倩倩与海涛一起享受洗浴的快乐。不想，海涛突然端起事先准备好的一盆温水，对着倩倩迎头浇下。倩倩一声尖叫，脸色惨白，甚至因为惊慌而逃出浴缸，摔倒在地。海涛被吓坏了，他没想到自己的恶作剧会有如此严重的后果，赶紧检查倩倩的伤势。还好，倩倩只是扭了脚，没有严重受伤。海涛追悔莫及，赶紧向倩倩赔不是，倩倩含泪说：“我以为我要死了。”等到恢复平静，倩倩才向海涛讲述了她怕水的原因。原来，倩倩小时候经历过一次洪灾，当时她被水流冲走了，在水里沉沉浮浮，几次差点窒息而死，后来幸好被解放军的冲锋艇发现，才勉强捡了一条命。

听完倩倩的经历，海涛恍然大悟：“宝贝，你怎么不早点告诉我，你居然经历过这样的苦难。”倩倩苦笑着说：“我想要把这件事永远埋在心底，再也不去回首。那次，我失去了家人，变成了孤儿。从此之后，我连洗脸都不会用很多水，我怕水。”海涛温柔地搂着倩倩，说：“放心吧，有我在，以后我就是你的保护神。以后，我不会再强迫你接近水了。”

在这个事例中，倩倩对于水深入骨髓的恐惧，就是因为幼年时期遭遇了洪灾。洪水不但给她带来了肉体上的痛苦，也给她带来了精神上的严重创伤。在洪灾中失去双亲，这是比肉体的痛苦更加难以磨灭的永恒伤害。在得知倩倩怕水的缘由后，海涛一定不会再强迫倩倩接近水了。其实，海涛的思路是没有错的，因为恐惧并不会因为逃避就消失。只有直面恐惧，才能最终冲破心中的桎梏。如果能够事先了解倩倩怕水的原因，再把握好合适的度让倩倩逐渐接受水，一切就不会这么让人意外和惊吓。

恐惧虽然是一种心理体验，但是因其非常强烈，所以也会引起人们身体发生变化。曾经有个在冷库工作的工人，因为工友的疏忽被锁在冰柜里，一夜之后，工友们发现他已经被冻死了，而更让人惊讶的是，当天晚上冷库其实并没有制冷，已经断电了。然而，他死时的情状完全符合被冻死的特征，这实际上是极度的恐惧导致他的身体发生了相应的变化。由此可见，恐惧的力量多么强大。

了解恐惧发生的原因之后，我们就能够从根本上消除恐惧的原因。恐惧是一种心理障碍，如果通过自身的力量不能成功战胜或者消除恐惧，我们还可以借助于现在先进的医学手段，让恐惧烟消云散。需要注意的是，一味地躲避并不能消除恐惧，唯有坚强勇敢地面对恐惧，战胜自我，才能真正战胜恐惧。

努力向前，让你远离焦虑

每个人对生活都有自己的渴望和希冀。很多人都会描画未来的情形，并且希望生活能够按照自己规划好的路径前进。现实情况却是，生活总是充满了未知，带给我们的或许是惊喜，或者是惊吓，也或者是平淡如水。无论生活如何改变，每个人要想享受生活、拥抱生活，就必须学会顺势而为。当生活的天空下雨，你就撑起伞，不必为了阴雨连绵而哭泣；当生活的天空艳阳高照，你不妨借此机会晾晒心情，尽情享受，无需担忧未来会不会下雨；当生活的天空也无风雨也无晴，你应该照常读书、学习和工作。总而言之，既然生活不可预料，我们就不能抱怨，更不能焦虑，而应该顺其自然，坦然接受。

现代社会，不管是精神文明还是物质文明，都在高速发展。生活节奏的加快，工作压力的增大，使得人们的心理问题也越来越多，其中最广泛的就是焦虑问题。看看现代人的生活，几乎没有几个人是不被焦虑困扰的。其实，焦虑已经成为一种非常普遍的社会现象，不管是社会精英，还是普通人，几乎人人都无法摆脱焦虑的困扰。打个形象的比方，焦虑就像一场重感冒，是很容易扩散和传播的。要想避免焦虑无限蔓延，我们就要更加读懂焦虑的本质，不要与生活背道而驰。不管命运赐予我们的是什么，我们都应该坦然接受。只有顺势而为，才能避免过度挣扎导致的伤害。

很多时候，我们喜欢和命运较劲，但却无法掌控命运的洪流到底会把我们冲到何方。无论如何，当命运与我们背道而驰时，我们的生活就会变得一团糟。既然很多事情一旦发生便无可更改，那我们与其抱怨或者悲泣，不如鼓起勇气去接受和面对。

很多情况下，我们之所以焦虑，是因为对于自己的生活过度期待。正如人们常说的，希望越大，失望越大。如果我们怀着适度的期待，则一定不会陷入过度的焦虑。很多人都喜欢给自己制定过高的目标，似乎只有目标远大，人生才能与众不同。实际上，过于远大的、可望而不可即的目标往往让人坠入无边的焦虑之中。唯有更好地面对未来，憧憬未来，我们才能从实现目标的喜悦中得到自信的满足。

最近这些年，整个社会都处于高速发展之中。我们必须调整好自己的生活和工作的节奏以适应社会的发展，也应该从自身的实际情况出发更好地规划人生，这样才能最大限度地帮助自己摆脱焦虑。不管我们处于社会的金字塔尖，还是处于社会的最底层，我们都应该脚踏实地地前进。当你对待成败变得坦然的时候，你对待人生的态度也必将更加豁达。

努力地改善人际关系，远离社交恐惧

现代社会，人际关系已经成为人们生活和工作中至关重要的头等大事。在越来越强调情商的今天，人们坚信只有超高的智商和超强的专业技能是远远不够的。既然整个时代都要求每个人必须学会团结协作，那么我们也不例外。要想在生活中与人为善，要想在工作中受人欢迎，我们必须学会处理人际关系，成为处处受欢迎的人。否则，即使你学历再高，能力再强，但在工作中处处受到其他同事的排挤，也不可能得到大家认可。

因为吃过社交的苦头，有些不善言辞或者不擅长与人打交道的人，莫名其妙地就患了社交恐惧症。他们害怕与他人说话，不敢与很多人一起相处，甚至在看到陌生人的时候会面色潮红、心跳加速。对于这样的情况，尽管他们自己也觉得很难堪，也想尽力改善，但是却毫无办法。也因为如此，他们在人际关系中陷入恶性循环，即越是想要努力地改善人际关系，就越是把人际关系变得更糟糕，导致自己也根本不敢再对人际关系怀有任何奢望，甚至采取逃避的态度。如此一来，何时才能变成处处受欢迎的人呢？因为社交恐惧引发的焦虑也必然日益严重。

通常，患有社交焦虑症的人越是在热闹的人群里，越是觉得如坐针毡，甚至产生想要逃离的冲动。豆豆就是这样。

豆豆是个非常内向害羞的女孩，早在读初中的时候，她就很少与班级里的同学交往，只与一两个女生关系亲密。后来读大学，因为爱读书，豆豆更是每到周末就泡在图书馆里，从来也不会与同学们一起出去玩。对此，豆豆怡然自得，丝毫不觉得自己有何另类。然而，自从参加工作之后，豆豆就开始陷入苦恼，表现出严重的不适应。首先，她在办公室里往往一天也不说几句话，除了工作上必需的交流，其他时间大家都当她是哑巴，渐渐地，豆豆越来越觉得苦恼，因为每个人看她的眼神都怪怪的。后来，随着工作的深入，需要与其他同事或者部门间合作的机会越来越多，豆豆也因为沉默寡言、不善言辞错过了很多机会。对此，她非常苦恼，简直不知所以，甚至因此而失眠、烦躁。

在咨询心理医生之后，豆豆意识到自己患了社交恐惧症，而且因此陷入了焦虑的情绪中。在心理医生的建议下，豆豆先从接触陌生人开始。她鼓足勇气在商场、超市等地方，与陌生人搭讪，极力克服自己的恐惧心理。接下来，她还尝试着与某一个人亲密交往，从而渐渐地能够接受他人。如此循序渐进，当豆豆能够坦然面对人群时，她的焦虑居然也不治而愈。如今，充满自信的豆豆出现在人群中，谁也无法将她与之前那个胆小怯懦的女孩联系在一起了。随着焦虑的消除，她也越来越乐观开朗，脸上总是挂着笑容。

心若改变，一切都会随之改变。这一点，不但适用于人生，也同样适用于我们日日琐碎的生活和工作。在这个事例中，豆豆因为性格内向压抑而受到大家的排挤，导致工作也受到影响，甚至正常的作息时间也被扰乱。幸好，豆豆还能意识到应该及时咨询心理医生，从而正确了解焦虑现象，最终成功克服社交恐惧症，也把焦虑赶走了。

人是群居动物，任何人都不可能脱离人群而生活。因此，没有人能够真正地在现代社会做到离群索居。当那些负面评价向我们铺天盖地席卷而来，当周围的人们以怀疑的目光看着我们，我们一定会觉得如坐针毡。与此恰恰相反，当我们在人群中处处受欢迎、如鱼得水的时候，我们一定会觉得更加充满信心，也更加快乐。

社交恐惧症并非没有任何原因和征兆就出现的。通常情况下，那些不擅长人际交往的人，更容易患社交恐惧症。人是群居动物，每个人都希望自己能够拥有一个圈子，并且在这个圈子里如鱼得水，游刃有余。当这个愿望越来越强烈，现实却与憧憬相差十万八千里时，社交恐惧症也就应运而生。如果你为此焦虑不安，则社交恐惧症就会演变成社交焦虑症，使你不知所以。患有社交焦虑症的人往往特别敏感，别人一个不经意的举动，都会在其心里引起波澜，从而导致其更加焦虑。那么，我们要想摆脱社交恐惧症引起的焦虑，就一定要让自己成为处处受欢迎的人，这样才能增强自己的社交信心。

想得再多也毫无用处，着手去做才是真理

既然生活充满了未知，为了让自己在事到临头时少一些仓皇，多一些从容，我们理应未雨绸缪。的确，未雨绸缪能让我们在事情发生之前就做到心中有数，作好预案，也能让我们在突如其来的意外事故中多一些镇定。然而，凡事皆有度，如果未雨绸

缪过分了，就会变成杞人忧天，导致人们整日为了还没有发生的事情而惶惶不可终日，反而透支了现在的幸福快乐，使自己过早地、无意义地坠入焦虑不安的深渊。由此可见，我们必须把握好未雨绸缪的度，不要因为过度未雨绸缪而变得杞人忧天。

人应该活在当下。只有把握好手中的幸福，我们才能真正享受幸福。很多朋友们习惯于提前规划人生，当然，做好人生的规划，给自己制订长远的目标，是没错的。唯一需要注意的是，我们不能被很多未发生事情的细节所困，否则就会因为纠结导致一事无成。这就像是一个人面对着有可能成功的机会，当然要预想最坏的结果，但是不要过多地考虑细节。只要觉得自己应该奋力一搏，就应该放开手脚努力去做。否则，再好的机会也会因为你的犹豫不决从指尖溜走，导致你无法更好地把控未来。

任何事情，只有去做了，才能知道结果如何。因而，在我们做出最坏的打算也衡量了利弊之后，就应该马上着手去做。未来的确很可怕，因为没有人知道会发生什么；未来也的确很可爱，因为它总是带给我们无限的惊喜。对于准备好的人，不管是惊喜还是惊吓，这一切都不足为惧，因为人生需要我们行走在路上，在不断地尝试和勇敢的行进途中去接近成功。

针对人们无穷无尽的焦虑，曾经有心理学家进行了研究，结果证实人们关于未来的焦虑中，大概有70%是毫无意义且根本不会发生的。人生之所以充满吸引力，就是因为它的未知。既然如此，对于还未发生的事情，我们又何必要认真地焦虑呢！尤其是一些不值一提的小事情，它们就是自身，而不代表任何意味和征兆，因此我们完全无需过度紧张。虽然人们常说不怕一万就怕万一，但是“万一”在没有成为真正发生的事情之前，其实是对人无法构成任何伤害的。因而，聪明人只会以此为警示作出心理准备，却不会为了这些模糊的未来而焦虑不安。

人们常说要为明天做准备，或者机会总是留给有准备的人，实际上，每个今天都是完全独立的一天，因为没有人知道明天到底会不会来，也不会知道明天会以怎样的姿态突然降临我们的生活。既然如此，认真活好每一个今天，任何人都应该如此。任何情况下，一味空虚地思考都于事无补，只有切实地展开行动才能最大限度改变现状。

千锤百炼，练就强大心脏

每个人都渴望自己拥有一颗强大的心，以坦然面对命运的种种坎坷和挫折，让人生变得更加宁静淡然。其实，拥有一颗强大的心是很多愿望得以实现的基础，看似很简单也很容易做到的一句话，实际上需要我们付出极大的努力。看过《论语》的人会知道，《论语》一书告诉人们很多做人做事的道理，如果归结于一点，那就是成为“君子”。所谓君子，也许每个人对其定义不同。但是，君子一定有着一颗强大的心，因而大凡君子都是坚强勇敢、淡定从容的。《论语》中记载，当孔子带着诸多弟子行至陈国附近时，因为缺衣少食，很多弟子都患病了，无法继续前行。这时，子路有些恼怒地说：“君子也会贫困交加吗？”孔子淡然地说：“君子也会贫困，但是能够自守。小人如果困厄，必然滥行。”毫无疑问，君子和小人都会遭遇人生的逆境，唯一不同的在于，君子面对人生困顿依然能够坚持本心本性，小人却总是在困苦面前难以坚持，甚至忘却初心，做出违反道德和法律的事情。

现代社会，人们行色匆匆，尤其是在物欲横流之中，君子俨然已不多见。为了应付瞬息万变的生活，我们依然需要像君子一样，有一颗强大的心。如果一个人总是随波逐流，则一定会迷失自我，再也无法回归初心。生活本艰难，尤其是现代社会，很多年轻人因为对物质的渴望和贪婪，很容易就会迷失自我。他们或者颓废沮丧，或者一遭遇困难就放弃，即便积极进取，也总是不能承受批评、否定。看看网络上的新闻，有多少年轻人选择自杀，就知道现代社会人们的心灵已经脆弱到何种程度。在这种情况下，我们一定要千锤百炼自己的内心，让自己变得更加坚强，果敢，永不放弃。

他的老家在山东农村。他3岁时，父亲沾染毒瘾，把整个家都败光了。他6岁时，母亲实在看不到生活的希望，与父亲离婚，也离开了他。从此之后，他不得不跟随白发苍苍的爷爷生活。因为交不起学费，他只读了两个月的书就辍学回家，开始与爷爷四处乞讨。他13岁时，因为一场意外的车祸失去双腿，从此，他从阎王爷的鬼门关里盘旋一圈又回来的生命，再也没有了双腿的支撑。他离家出走，遭受无数的欺凌和白眼，深刻感受到生命的可贵。此后，他再也不去乞讨，而是凭借自己的双手干各种各样的苦活儿，来养活自己。也正是从这个时候开始，他“站”起来了。后来，他无意间发现自己在唱歌方面天赋异禀，因而靠着勤学苦练，最终一展歌喉，成为流浪歌手。

后来，他凭借好嗓子，走过全国几百个城市，还凭着双手的力量攀登高峰。他数十次攀登泰山，然后爬遍五岳。在江西九江流浪时，他还用歌喉打动一名美丽的女孩，使她成为他的妻子。从此，他的人生开始圆满，不但有了可爱的一双儿女，还有房有车，有了安稳的家。在得知汶川大地震的消息后，他凭着残弱之躯，第一时间赶赴灾区为灾民义演，捐钱捐物。这一切，都让他的心灵变得无比强大。对于自己传奇的一生，他总是告诉人们，不要因为没有脚而哭泣，至少你还有腿。

很多时候，灾难使人轰然倒塌，再也无法傲然于世。然而，很多时候，灾难也使人变得无比强大，拥有一颗永不屈服的心。任何人，都是有价值的。人们之所以自甘堕落，是因为缺乏向上的精神和力量。任何时候，只要我们心中的旗帜不倒，我们就一定会拥有更加精彩的人生。

人生不是百米冲刺，不会在短暂的十几秒钟里就决定胜负输赢。人生，是一场漫长的长跑，只有永不放弃，历经艰难险阻依然初心不改的人，才能来到终点，享受胜利的欢愉。

任何时候，都不要小看我们心灵的力量。我们唯有永不言弃，怀着一颗坚定勇敢的心，才能在人生的荒原上披荆斩棘，最终经过漫长的旅途，来到人生绚烂的终点。要记住，一切的磨难都是为了让你变得更加坚强，而不是为了让你放弃。放弃，就会失去所有的希望。只有永无休止的坚持，才能帮助我们乘风破浪，驶向人生成功的彼岸。

加倍努力，获得运气

人生中，既有幸运，也有侥幸。虽然幸运与侥幸仅仅一字之差，但是含义却有很大的不同。幸运，是命运对人的青睐，是人们努力付出得到的回馈，是一种善的回报。侥幸则不同，通常情况下，当我们说一个人侥幸时，对方一定没有付出应该的努力，而只是以偷懒的状态意外得到了报偿。为此，人们每当说起侥幸，总是含着些许不屑，似乎侥幸是偷盗来的幸运，根本不值得我们推崇，也不值得我们表示羡慕。那么，一个人能永远靠着侥幸取得成功吗？答案当然是否定的。既然侥幸带着投机取巧的意味，我们不如从现在开始加倍努力，让侥幸变成真正的幸运，常常陪伴在我们的身边吧！

举个最简单的例子，大家都曾看过守株待兔的故事。在刚开始时，农夫在田间地头干活时，幸运地捡到了那只一头撞在树桩上的野兔，这是幸运。后来，他守株待兔，梦想着能再次捡到肥硕的野兔，终日守候却毫无所获。这就是侥幸心理在作怪，使他产生了投机取巧的态度。这样听天由命，自己不作出任何努力，就想获得回报的人，是不可能得到真正的幸运的。

老丁是一名经验丰富的司机，已经在这家物流公司工作二十几年了。和很多刚刚开始摸方向盘的新手相比，老丁车龄比他们的年龄都大。为此，这些后生们平时闲来无事，最喜欢与老丁拉家常，从老丁身上汲取宝贵的经验。

有一次，只有20岁的李涵问老丁：“丁叔，在高速路上开车情况瞬息万变，经常突发意外，你是如何做才能保证二十多年来都无事故的呢！”老丁笑着说：“常在河边走，哪有不湿鞋的。我呀，技术平平，只是万分小心而已。很多司机开车抱着侥幸心理，总觉得只要一次不出事，就能次次不出事，因而总是挑战规矩，按照他们的心思去做事情。殊不知，侥幸不会长远，一次不出事，不代表次次不出事。记得我有个老同事，那可真是个老司机啊。原本，他可以生活得很好，但就是因为在最后一趟出车的过程中，一时高兴，喝了半瓶酒。结果，不但他失去了生命，一个家庭也因为他的疏忽失去了丈夫，一个孩子也因为他的疏忽失去了父亲，让人不胜唏嘘。”听了老丁的话，李涵感慨地说：“是啊，丁叔，开车是人命关天的大事。您放心，我也一定向您学习，次次小心谨慎，争取把每一次的侥幸都变成真正的幸运，变成必然的回报。”老丁笑了，说：“其实我也并非没有涉险过。记得当年有批货急需运到东北。我一个人接连开了七八个小时的车，这已经违规了，按照规定是不许连续疲劳驾驶四个小时的。开着开着，我就犯困了，居然不小心睡着了，一睁眼，发现车子正往马路牙子上撞过去。我一个机灵，赶紧调转方向盘，避免了车毁人亡的惨剧。我当时就停到应急道上休息了十五分钟，然后把车开到距离最近的一个服务区，开房睡觉。工作再紧张，也不能拿命开玩笑。正是这次教训，让我始终警钟长鸣，以严格遵守交通规则的心，创造了一次又一次地平安驾驶的记录。”李涵不停地点头，似乎明白了老丁说的话。

对于司机而言，侥幸一次是莫大的幸运，如果依然把安全寄托在侥幸上，则终究会酿成大祸。任何情况下，我们都必须保持警醒，也不能因为一时的侥幸而放松警惕。人生何尝不像开车上高速呢？很多事情发展变化很快，一旦开始就再也没有回头路。在这种情况下，我们必须时刻保持警惕，时刻做好应急准备，才能以不变应万变，最终把一次次的侥幸变成真正脚踏实地的幸运，从而为自己的命运添砖加瓦。

生活中，人人都有侥幸心理。看看那些频繁的交通事故吧，几乎没有哪个是与侥幸心理无关的。在这里，我们一定要摆正心态，千万不要心存侥幸。我们唯有时刻保持警惕，才能把侥幸转化为常常伴随我们的幸运，也才能让我们的人生春暖花开，否极泰来。

侥幸不断累积，最终会变成大不幸。人生路漫漫，我们唯有正确对待幸运，不再心存侥幸，才能时刻保持警惕。不要以小博大，更不要以身犯险。有些错误一旦发生就追悔莫及，永远不是你一句懊悔就能挽回局面的。因而，我们应该拒绝侥幸，换言之，我们应该以小心谨慎的态度面对生活，才能把“侥幸”转化为真正的幸运。

第02章 少说多听常点头，给自己留出余地和退路

生活中的任何一个人，从踏出校园的那一刻起，就要褪去身上的孩子气和学生气，就必须学会为人处世，懂得一些人情世故，无论是说话还是做事，都要谨言慎行。回想一下，你是否曾经因为一句无心的话而得罪了别人？你是否因会错了别人的意而做出了错误的举动？你是否……如果你曾有这些经历，那么，你就要从现在开始，秉持少说多听常点头的原则，因为言多必失。懂得为人处世，在以后的人生道路上，你才可以与人和谐相处，互相帮助。

谨言慎行，秉持少说多听常点头的原则

现代社会，人们的生活和工作学习的速度越来越快，人们凡事都追求高效率，也就是“快”，但这并不适用于任何事，比如说话，不经思考说出的话小则可能导致听者的不快，大则可能招致祸端，逞一时口舌之快，可能导致你后悔无穷。

所以，我们在与人交往的过程中一定要谨言慎行，说话前一定要考虑你说出的话可能带来的影响。

在生活中，我们也发现一些人，他们无论与谁沟通，都喜欢将自己的想法不加思索地表达出来，因为词不达意，他们常常让自己或交谈的对方陷入尴尬的境地。

小王是一家外企的人事部经理，负责人事招聘工作。在职场多年的他，却还是管不住自己的嘴巴，有一次，便得罪了一个应聘者，让自己下不来台。

该应聘者是伯明翰大学留学归国的，但没具体说哪所学院，小王居然脱口而出就是一句让人大感不恭的话：“国外大

学的学院有一流的也有末流的。”这话的意思不就是怀疑那人有点儿徒有虚名吗？这话让那名应聘者逮个正着，非让他说出伯明翰到底哪所学院是末流。

实际上，小王也知道，伯明翰大学虽然有不同的学院，水平也不一，但还不至于有哪个学院是末流，他的话其实是逞一时口舌之快说出来的，并没有什么实际意义。僵持到最后，那个应聘者也豁出去了，非得与小王争个高下，结果，僵持到最后，小王不得不向人家赔礼道歉。

小王这是自找麻烦，一时嘴快被人抓住了把柄，结果弄得自己很尴尬，可见“逞一时口舌之快必后悔”“言多必失”的道理。

其实，那些直言直说的人并没有什么坏心眼，多半只是心浮气躁又习惯指责他人，这一点在年轻人身上似乎更为明显，他们做事冲动，说话不经过大脑，想到什么说什么，似乎在他们的心灵世界里根本就没有“忍”字，尤其是当他们心中不悦的时候，见事骂事，见人骂人，为的是排遣胸中的忧烦。可是，他们根本没有想到，当自己将某些话脱口而出后，自己的情绪是宣泄了，而听者的感受如何呢？“说者无心，听者有意”，你的无心之话可能就引起了对方心中的不快。

的确，人与人之间因为语言产生的误会是一种小摩擦，也有一些人心胸宽广，对这些鸡毛蒜皮的小事不在意，但这毕竟是少数。人际关系毕竟是相互的，你由于逞一时口舌之快，说了带情绪的话，伤害了对方的自尊心，对方被伤害后，自然也会采取措施来报复你的莽撞，即使对方当场不表现出来，你也已经树敌了。总之，不是把口水仗打得如火如荼，就是引起别人记恨，酿成祸端。

这也给我们一个警示：与人相处，要管住自己的嘴巴，凡事多个心眼儿。俗话说："三思而后行。"说话也一样，语言经过了大脑的思考才更有说服力，而且，也能经得起对方的"检验"。所以，无论是在什么场合，面对什么人，你都需要做到"嘴边留个把门的"，这样的言语才会显得缜密、谨慎。

总之，一定要三思而后行，在你要说出心头的话以前，先想一想：这话是否合适，这话厚道吗？在确定不会伤害他人再说出口，才能保证良好的人际关系，你也才能受到别人的尊重和认可。千万不可逞一时之快，而给自己的人际关系带来潜在危机！

适当保持沉默是一种成熟和矜持

生活中，我们经常听到这样一句话——"沉默是金"。对于这句话，我们又有几分了解呢？这不只是一句简单的成语，更是我们做人做事应该学会的智慧，生活中有些东西藏在心里便是一种真实和深刻，说出来，反而索然无味。我们可能有过这样的感觉：那个与你仅有一面之交便一览无余的人，你会觉得索然无味，因为他说的话太多；而那个一直保持沉默的人，你不仅仅对他印象深刻，还有种很神秘的感觉，并产生了探寻他内心世界的愿望。最重要的是，在日常生活中，面对他人的否定、挑衅甚至是言语伤害，沉默更是一种反驳和保护自我的方法。

生活中的人们，你要明白，适当保持沉默是一种成熟和矜持，更是一种庄重和典雅，言语过多、暴露无遗，只会让人看轻你。

“有道德的人，绝不泛言；有信义者，必不多言；有才谋者，不必多言。多言取厌，虚言取薄，轻言取侮。”可见，“千言万语”并不是什么好事，沉默才能保护你，一个说话极随便的人，一定没有责任心。话多不如话少，话少不如话好，多言不如多知。多言是虚浮的象征，因为通常情况下，人们都觉得口头慷慨的人，行动一定吝啬。

小刘是个大大咧咧的人，平时话比较多，也比较随意，一不小心就会惹到公司的同事，当然，他都是有口无心的。有一天，他一不小心听到公司那个一直和他作对的同事说他的坏话，心中非常愤慨。

在回家的路上，装着满肚子的火气，他一边生着气，一边想着怎么把这些辱骂的话还回去。走着走着，他无意间走进路边的玩具店，看见两个小女孩指着一个布娃娃评头论足。这个娃娃的造型可能和她们心中想象的差别很大，或者是和她们不喜欢的玩伴的布娃娃一样，反正，她们对布娃娃挑鼻子竖挑眼的，可是布娃娃坐在货架上对那些无知的指责无动于衷。

小刘望着那个布娃娃，只觉得自己滑稽可笑，受点委屈连一个布娃娃都不如，还算什么男子汉大丈夫！这么一想，满肚子火气一下子不知跑到哪儿去了。

第二天，那个同事已经知道小刘听到了自己和其他同事的谈话，但小刘却一改常态，任何怪罪的意思都没有，那个同事自知惭愧，主动与小刘和好了。

这里，小刘的做法是明智的，在听到同事的辱骂后，原本很气愤的他准备还击，但布娃娃却教育了他，从而避免了一场同事间的争吵。身处职场，你不必攻击别人，但必须要懂得保护自己，沉默就是最好的“防身术”。如果你遇到小刘这种情况，也应该学会沉默。初入职场，少说多做，能有效地保护自己，而如果同事为了自己的利益恶意攻击你，你的最佳防卫方式就是学会

“装聋作哑”、保持沉默，因为没有人会自找没趣地和一个聋哑人争斗，因为斗了也是白斗，聋哑人面对任何人的语言攻击都只能以沉默反击。所以，面对挑衅的同事，如果你以沉默来面对的话，他最多会谩骂几句，然后自己离开。

当然，这里的沉默并不代表默默承受别人的侮辱，而是一种大智若愚。对所遇到的事情，多用眼睛去看，多用耳朵去听，多用脑袋去思考；也并不是没有自己的意见，而是谨慎地得出结论，用不着把所有的过程都展示在大众的眼前。所以，我们与人交往，要遵循“闭上嘴巴，默默充实自己”的原则，这样才会多一份深度，少一些冲动；多一些涵养，少一些抱怨！

市场营销专业的女孩婷婷毕业后，在一家地产公司找到了工作，但婷婷一进这家公司，就遇到了一个刁蛮、好斗的同事，很多同事在被她攻击之后不是辞职就是请调，但婷婷决定，无论怎样，也不要和她起正面冲突。

一天，这位同事的矛头指向了平日只是默默工作、话语不多的婷婷，谁知婷婷只是默默地笑着，一句话没说。

最后，那个好斗的同事主动鸣金收兵，但已气得满脸通红，一句话也说不出来了。

过了两个月，好斗的同事竟然自己主动辞职了，公司好多人都对婷婷刮目相看，很好奇一个刚毕业的小姑娘是怎么收服那个刁蛮的泼皮子的呢。

很明显，婷婷用的也是沉默这一招儿，用“此时无声胜有声”来对付同事的刁难实在是明智之举。如果你也在工作或生活中遇到攻击，你可以仔细想想：

如果他是恶意攻击的话，你可以一笑了之，不必担心，因为也许是你在某一方面做得很好，让他心生嫉妒所以对于这一类人，你可以不用管他，继续走自己的路，唱自己的歌，做自己应该做的事，完全没有必要做什么所谓的“报复”，因为报复的代价实在是太高了，最终都会自己伤到自己的，你大可以放心做自己需要做的事；但如果那人是出于一片好心而对你进行言语攻击的话，就说明你在某方面做得不够好令他失望了，那你得首先要感谢他，然后找出自己的毛病来，并对其改正，努力做到最好！面对别人对你的言语攻击，尤其是让你生气的那一类攻击，只要你不生气，就是最好的反击，如果加上微笑，那就更完美了。

其实，不仅仅是职场、生活中，生存在这样一个竞争激烈的社会里，保持沉默始终是最明智的生存之法。与人打交道的过程中，少言寡语、多做少说的人会给人一种稳重的感觉，也因此，古代的谦谦君子把沉默是金当做自己的人生信条，“万言万得不如一默”！

当然，我们在该沉默的时候沉默，但并不代表什么都不说，这要视具体的环境而定，沉默不是怯懦，沉默也不是无能，沉默不是麻木，沉默是一种大智若愚、一种生存智慧！不应该沉默的时候不能沉默！

看穿不说穿，给人留情面

生活中，有人在公共场合侃侃而谈、发表自己见解的时候，你无意识中发现了对方的观点存在问题，你是如何做的？对方向你炫耀在单位人缘是如何好，领导是如何倚重他，而就在刚才你还听到他同事对他的抱怨，此时的你，又是如何做的？此时，如果你不顾对方颜面，指出了对方的错误，那么，下次见面时，他势必会在心里记恨你。面对这些，聪明的人往往会选择装糊涂的方式，他们会看穿不说穿，因为他们深知，人都是要面子的，给人留情面，才能赢得好人缘。

有一个5岁大的孩子，当别人同时拿出5毛钱和1块钱让他去拿时，孩子总会选择5毛钱。于是，大人们就觉得孩子傻，竟然不知道1块钱比5毛钱的面额大。

有一个外地来的人听说了这个小孩，他不相信真有这么傻的孩子。于是他找到了孩子，同样拿出5毛钱和1块钱让孩子选择，结果孩子真的选择了5毛钱。

外地人觉得不可思议，他问孩子："难道你真的不知道1块钱比5毛钱能买更多的东西吗？"

孩子小地地说："我当然知道了，但是如果我选择了1块钱，以后就没有人跟我玩这个游戏了。"

事实上小孩并不傻，可以说是聪明绝顶，他之所以宁愿像个傻子一样去选择5毛钱，是因为只要他选择了5毛钱，就会有人不断地来测试他，所以他就能不断地得到5毛钱。如果他选择了1块钱，那他得到的也仅仅是1块钱。他把自己装成傻子，傻子当得越久，他就拿得越多。这就是孩子的傻子哲学。

的确，我们发现，那些看上去愚钝的人似乎人际关系更好，在交际中的他们也如鱼得水、左右逢迎，这是为什么呢？因为从心理学的角度看，人们认为，那些笨一点的人没有多少心眼，不会"算计"他人，因而人们更愿意相信他们。鉴于这一点，我们在积累人脉的过程中，要想得到他人的信任，就不能表现得太过精明，而应该装装傻，装傻是一种最高境界的交际哲学，装傻并非真傻，而是大智若愚。

相反，在与人打交道的过程中，那些看似精明、认真、爱较真的人，却往往吃不开，这一点，再次帮我们验证了"难得糊涂”确实是一剂人生“良药”。那么，人际交往中，当他人出现了失误时，我们该如何做呢？很简单，要做到看穿不说穿、给他人留面子。

很多时候，我们评价一个人够不够朋友，往往看他“会不会给我们留面子”，假如一个人能把这种种“面子”都熟稔了，都做到了，在朋友们眼里，他就算是个很会做人的人了。这样的人，往往在人际交往中如鱼得水，而那些说话、做事不经过大脑的人，常常会因为一不小心伤了朋友的面子，而失道寡助。

当然，看穿不说穿、给他人面子，不是让我们委曲求全，而是在恰当的时间、适当的场合，给他人体面的尊严。所以，聪明的你不妨偶尔装装糊涂，不要总是试图表现自己的精明，因此，即使你发现了对方言行中的某些问题，你不但不能指出来，还要不露声色地认同他。

比如，如果对方陷入了交际的窘境，此时，你千万不要落井下石。在这种情形下，你应该为他打圆场——换一个角度或找一个借口，以合情合理的解释来证明对方有悖常理的举动在此情此景中是正当合理的，这样一来，对方的尴尬解除了，正常的人际关系也能得以继续下去了。而我们在无形中与对方的友谊也更加深厚了。

另外，当与朋友意见不合、观点不一致甚至在某些问题上互不相让时，你只有偃旗息鼓，才不至于将问题恶化，此时，最巧妙的方法之一就是转移朋友的注意力。如彼此之间为了某个问题争得面红耳赤，僵持不下时，可以适时说一个笑话，让双方的情绪平缓下来，在轻松的气氛中让尴尬消逝殆尽，使交际活动得以顺利进行。

总之，社交生活中，为他人留面子是维护感情的有效方式之一，日常交往中，我们必须从善意的角度出发，以特定的话语去调节人际关系，帮他人维护面子，使我们在交际场合左右逢迎。

说话做事把握分寸，给自己留条退路

人生在世，无论是谁，都避免不了两个任务：一为说话，二为做事。无论是说话还是做事，都必须既有条又有理。这其中的条理，即为对“度”的把握，也就是人们常说的分寸问题。说话做事懂得把握分寸，懂得给自己留条退路，这是成功的可靠基础。

中国人有句极具哲理的话：“话不说满，事不做绝。”从小的方面说，这是要求我们在说话、做事方面把握好分寸，留有余地；而往大的方面说，这是一种适度原则与中庸智慧。

生活中的人们，尤其是年轻人，需要摒弃孩童时代的随性和无知，社会是另一个课堂，在这个课堂里，你一旦学不好，就会翻跟头，甚至“伤亡惨重”，因此，不妨从现在开始，谨慎言行，说话做事多注意分寸，给自己留条后路。

“人非圣贤，孰能无过。”很多时候，我们都需要宽容，宽容不仅是给别人机会，更是为自己创造机会。

诚然，人们常说 “凡事要认真”，这原本没错，但是一个人一旦认真到了较真的地步，眼里丝毫不容沙子，那就是和自己过不去，到头来终究会自讨苦吃。所以，善良的人们，在与对手交涉的过程中，你也没必要把事做绝。俗话说 “兔子急了也咬人”，你把别人逼得没有丝毫退路，那对方除了奋力反击之外还能有什么选择?

俗话说得好，“物极必反”“满招损，谦受益，时乃天道”。水缸装满了水，再往里面添水，就会往外溢，这就是物极必反的道理，事物发展到了极端，必然朝着相反的方向发展。而如果我们在事情的发展过程中，能人为地对其适度控制一下，就不至于物极必反了。

所以，做事不要太极端，要懂得给自己留条退路。比如，当你的位置非常显赫或者事业上取得非常大的成功时，你就不能再争强好斗了，而应该与别人分享，与别人合作，互利共赢，采取低调学习的态度，才不至于骄傲自满。再比如，在与人竞争的过程中，在确定了自己必胜的优势之后，要给别人留一条退路，同时也给自己留一条退路。做得太绝，不留后路，必会急火攻心，一败涂地。说话、做事讲求弹性，把事做得更加灵活、进退得宜，能帮助你在社交及求取成功的过程中，如虎添翼！

远离阴险小人，才能减少危险

现代社会，人际间的竞争越来越激烈，在这样的大环境下，并不是每个人都愿意采取公平竞争的方式方法。生活中，也总有那么一些人，在与人交往的时候，心怀鬼胎、作风不正、行事诡诈，冷不防就会对那些对有损他们利益的人要点手段，让人防不胜防。对于这样的人，我们做不到处处提防，但可以退避三舍。尤其是对于人生阅历浅薄的年轻人而言，无论在工作还是生活中，你可以保证自己做人做事光明磊落，但不能保证别人也是如此，对于那些行事诡诈之人，只有远离他们，才能让自己有效地减少危险。

可能很多职场新手都会遇到这样的问题：那些前辈们一个个都对自己十分和善，为了能加深与前辈们的关系，你会主动将自己的一些小秘密与他们分享，你以为自己已经在职场交到真正的朋友。可是，似乎升职、加薪都与你无缘，你满以为自己努力不够或者是运气不好，于是，即使你心存疑虑，但还是一直努力地工作着……但事实上，你根本没想到，是你那些所谓的“朋友”和“前辈”绊了你一脚。大多数在职场栽跟头的人都是因为没有避开这些“小人”的暗算。

对于这样的小人，我们该怎么对付呢？我们先来看看小杨是怎么做的：

小周和小杨是很好的朋友。无论是生活中，还是工作上，小周都对小杨照顾有加，但知人知面不知心，最终出卖小杨的就是小周。

“小周太过分了！”刚被领导训了一顿的小杨气呼呼地发牢骚，“我的案子怎么就成了他的了？我还成了剽窃者？这月奖金又泡汤了！”小杨的话立刻引起办公室里其他同事的共鸣。小周做事确实不够磊落，他总是喜欢剽窃办公室其他同事的心血。而平时，他总是对大家和颜悦色，不是帮大家买午饭，就是冲咖啡。表面上看，他是个很随和的人，但却另有一套。

关于这次事件，小杨是这样陈述的：

“昨天，我很满意地完成了一个策划交给经理。谁知今天他找到我：‘小杨，我本来很看重你的才华和敬业精神，没有新点子也没什么，但你不该抄袭其他同事的创意。’经理看我一脸惊讶，递给我一份策划书。天哪，这份策划书竟然和我那份惊人地相似，而策划人竟是小周。面对经理的不满和我好朋友的‘心血’，我哑口无言，因为我没有任何证据来证明我的清白。”在大家的帮助下，小杨决定找个机会澄清事实。

机会终于来了，小杨接了一个很重要的案子，他比平时更忙碌，他从自己的新点子里筛出了两个方案，做出A、B两份策划书，明里小周还是经常主动来帮他做A策划书，但暗地里小杨已把B策划书做好交给了经理，并请经理配合他先不说出去。果然，不久小周交上一份和A书颇为相似的策划，明白真相后的经理非常恼火，请小周另谋高就了。

这里，小杨是聪明的，他并没有直接和小周闹翻，而是团结同事，发挥才智，让他当场现形，遏制住他的势头。如果一味碍于情面或讲君子风范，吃亏的只能是自己。

小杨是幸运的，而现实生活中，对于小人，我们多半都是斗不过的，“小人”就是“小人”，不管他身处何职，出的点子、办的事情都满是“小家子”之气，他们行事诡诈，总是想着整人害人，否则就枉费了“小人”之名，这就叫本性难改。对待这类人只有一个办法：不予理睬、退避三舍。这类“伪君子”每个群体里皆会有，但似乎职场更为多见。

阴险的人没有明显的标志，一般情况下，短时间内不容易辨别，但随着时间的推移，终究会露出蛛丝马迹。阴险之人的表现大体有以下几个特点：

喜欢造谣生事。他们把造谣生事当成家常便饭一样，乐此不疲。为了达到自己的目的，不惜诽谤别人，诋毁别人的名誉。

喜欢挑拨离间。他们为了达到谋取个人利益的目的，通常会使用离间法挑拨朋友之间的感情，好从中坐收渔利。

擅长拍马奉承。这种人嘴甜如蜜，善于恭维别人、拍马屁、无中生有、说别人的坏话。

十分势利。他们对有权有势的人关怀备至，一旦有一天他们发现自己所依附的靠山调离此处或出现问题轰然倒塌，他们就会落井下石，迅速抛弃对方，另寻高枝。

人们说，“防人之心不可无”，这种人才是你最应当引起注意的人。而且这种人，不与他一起工作一段时间，是不可能发现他们的阴毒的。在刚与你接触时，他们无比热忱主动，并会踊跃地为你解决一些小问题，而且为你想得很周到，也表示出来真是为了你好的样子，客观上也能到达有利于你的效果。但是，这里有个条件，你不能侵占他们的好处，比如升职加薪的机会等。否则，他们会立刻拉下脸来，与你拼个鱼死网破。

总之，与这样的人交往，要有防范之心。他们一般都功于心计，和别人交往时，他们往往把自己真实的一面隐藏起来。交往中遇到这样的人，切记不要让他们完全掌握你的秘密和底细，更不要为他们所利用，一不小心陷入他们的圈套之中。

第03章 无论如何，永远不要怀疑自己

林肯说：“每个人应该有这样的信心。人所能负的责任，我必能负；人所不能负的责任，我亦能负。”一个人力量的真正源泉，是一种暗中的、永不变更的对于未来的信心，甚至不只是信心，而是一种确信。找到自信的支点，撑起自信的支柱。如果你确信你是正确的，那么就坚持它，因为最终能为你证明的肯定是事实。因此，任何一个年轻人，都应该谨记，成功的信念和积极的心态比什么都重要。只有这样，你才能在困难中坚持，在坚持中成功。

永远不要给自己贴上自卑的负面标签

人们总是为自己贴上自卑的标签，所以他们变得更自卑。实际上，人们需要多为自己贴上自信的标签，时间长了，他们就会变得自信起来。贴标签效应，就是当一个人被贴上某种标签时，他就会作出自我印象管理，使自己的行为与所贴的标签内容一致。从心理学角度说，之所以会出现“贴标签”现象，其实是因为标签有定性引导的作用，不管是好还是坏，它对一个人的个性意识与自我认同都有强烈的影响作用。假如我们给一个人贴上标签，那结果往往就是使其向“标签”所喻示的方向发展。

心理学家曾做了这样一个实验：他要求人们为慈善事业作出贡献，然后以他们是否有捐献为标准，为其贴上“慈善的”或“不慈善的”标签，对另外一些被试则没有贴标签。后来再次要求他们做捐献时，标签就有了使他们按照标签去行动的作用，也就是那些第一次捐了钱并被标签为“慈善的”人，比那些没有标签过的人要捐得多，而那些第一次没有捐钱被标签为“不慈善的”人比没有标签的贡献更少。

每个人都梦想过自己能成为什么样的人，也许是科学家，也许是医生或者律师，不过，他们却因为自卑而选择退缩，宁愿梦想着，而不去实践，甚至希望能得到别人的救赎。事实上，做自己想做的人，其实很简单，只要相信自己，给自己贴上积极梦想的标签，朝着梦想勇敢地奋进，那么我们就真的能够成为我们所希望的那个人。

许多人的心理总是消极的，他们自卑而懦弱，总认为自己一事无成，成不了大器。结果，就在这样一次次消极的心理暗示中，他们真的成为了那种无所事事的闲人。相反，假如我们给予自己的都是积极的心理暗示，那自己就真的会朝着这个方向发展。

当然，假如人们给自己贴的标签不是正面、积极的，那么会受到负面暗示，而采取负面行动。假如人们给自己贴上的标签是懦弱的，那我们所表现出来的举动就是懦弱的。所以，人们要善于给自己贴上自信的标签，这样你才会如标签一般变得自信起来。

首先你要坚信自己，才有勇气质疑其他

不管在生活中还是工作中，细心的人都会有一个发现，即难度越大的事情越不容易出错，反而是那些看似简单的事情总是让人们暴露出粗心大意的毛病，从而错误百出。事实的确如此，人们总是有轻敌的思想存在，一旦意识到面对的事情很简单，未免发自内心地对其轻视，也就使得事情无法圆满完成。相反，在面对艰巨的任务时，人们首先从心里引起重视，更是不断地告诫自己事关重大，不能出错，反而会因此如履薄冰，战战兢兢，最终圆满完成任务。此外，每个人也都有急于求成的弱点，在面对轻车熟路的任务时，人们往往先入为主，以一直以来的因循守旧思维误导自己，最终把原本简单的事情搞砸了。不得不说，这是思维的陷阱，很多人在做事情时都面临这样的误区。

当这样的情况发生的次数多了，人们也就渐渐对自己产生了怀疑，他们甚至怀疑自己的判断，害怕自己再次掉入误区。如此一来，亦真亦幻，虚虚实实，让人非常疑惑，也变得更加疲惫。实际上，我们尽管思维上因为惯性存在误区，但是这种误区并非不可避免。任何情况下，只要我们坚持相信自己，就能够拨开迷雾见太阳，从而更加有底气也有勇气地怀疑一切。

自信，不但是我们相信自己的力量源泉，同时也是我们怀疑一切的力量之源。

作为世界著名的音乐指挥家，小泽征尔对待音乐一丝不苟，严肃认真，也有着勇敢的怀疑精神和充分的自信。在还没有成名的时候，有一次，他去欧洲参加音乐指挥家大赛。他在初赛中表现非常出色，因而顺利地进入了决赛。当时，他前面有很多指挥家都进行了表演，他是最后一个。等轮到他上场的时候，评委把乐谱交给他，他只是在短促的时间里进行了简单的准备，就拿起指挥棒开始指挥乐队演奏。

演奏进行得很顺利，然而在演奏进行到中途时，小泽征尔突然感觉到乐曲中有不和谐的音符。他以为乐队演奏出现了失误，因而赶紧示意乐队停下来，重头再次演奏。然而，第二遍演奏到中途，小泽征尔依然感受到那个不和谐的音符，他想：乐队不可能两次都在同一个地方出错，肯定是乐谱出错了。想到这里，他再次示意乐队停止演奏，自己则拿着乐谱找到评委会，质疑乐谱的错误。这时，评委会的全体成员和很多来自世界各地的音乐泰斗都毫不迟疑地否定小泽征尔，说乐谱肯定不会出错。作为一个名不见经传的指挥家，小泽征尔丝毫没有退缩，依然坚持乐谱肯定出错了。全体评委和音乐专家们依然说是小泽征尔错了，小泽征尔思考再三，依然坚持自己的判断。

这时，全体评委和音乐专家们都起立，给予了小泽征尔热烈的掌声。就这样，小泽征尔凭借着自信博得了大赛的冠军，从此之后成为著名的音乐指挥家。

原来，这次决赛乐谱中的小小错误，就是评委们精心设计的圈套。他们正是利用这个圈套，来试验作为乐队指挥的指挥家是否畏惧权威人士的压力，能否自信地指出乐谱中的错误，而且即便遭受质疑，也依然坚持自己的正确看法。显而易见，小泽征尔无愧于音乐指挥家的称号，也能够坚持己见，所以才能顺利通过考验，在比赛中夺魁。

现实生活中，我们不管从事什么工作，也不管面对怎样的生活，都应该拥有自信，坚持自我。尤其是在产生质疑的时候，我们千万不能随波逐流，而要坚持自己的主见，敢于怀疑，这样才能最终实现自我的价值，得到他人的尊重和认可。

从人类进步的角度来说，创新是推动整个人类不断进步的出发点。人们之所以能不断创新，就是因为拥有一双发现问题的眼睛，他们能够发现问题，分析问题，进而创新性地解决问题，所以才能不断推动自身的进步，也促进人类社会的发展。需要注意的是，现代社会尤其重视创新思维，因而我们个人要想取得更好的发展，就必须更加注重培养自身的创新思维和能力，从而摆脱传统思想的束缚。因此，我们必须富于怀疑精神，这样才能坚持自我，挑战自我，也才能验证自我的真实能力，从而越发自信。

只有自信的人，才能做到勇敢果断地抓住机会

要想获得成功，人们必须具备很多方面的因素，其中自信就是成功的基石之一，也是一切成功必不可少的条件。你可曾看过一个胆小怯懦、自卑畏缩的人获得成功？只怕机会摆在这样的人面前，他们也很难抓住。只有自信的人，才能勇敢果断地抓住机会，改变自己的人生。

站在自信的人生基石上，我们会变得底气十足，也能够更加具有向上的动力。正如起义军的首领陈胜所说的，王侯将相宁有种乎？大多数出身卑微的人也许会因为起点太低，在人生路上觉得自己处处不如别人，尤其是在那些自以为是的富二代、官二代面前，他们更觉得低人一等。其实，这是完全没有必要的。只要我们足够努力，起点的高低并不能决定我们人生的成就。陈胜之所以最终成功带领起义，是因为他具有自信，他早在当雇农的时候，就说“燕雀安知鸿鹄之志哉”，由此表现出他对人生的勃勃野心。

人们常说：天生我材必有用。的确，每个人来到这个世界上，也许很多方面都远远落后于人，但是一定有着自己的可取之处。我们唯有发现自身的优点和长处，才能不妄自菲薄，也能够信心十足地掀开人生的篇章。

一切科学真理，最初的时候都以假设的形式出现，经过人们的深入研究后得到证实。纵观古今中外，有人像弗兰克林一样对于自己的观点毫无信心，最终不得不选择放弃，因而平庸地度过一生；相反，也有少数人能够坚持自己的创见，并且为了证实自己的假设不懈努力。当然，这一过程必然是艰难的，必须排除万难，坚持不懈，并且靠着充足的信心，才能最终梦想成真，证实自己的实力和能力。可以说，一切伟大的成就都起源于信心，倘若没有信心，则一切都会半途而废，戛然而止。尽管我们只是普通而又平凡的人，人生的道理却是相同的，我们也必须有信心，才能迎接人生的挑战，跨越人生的困境，最终得到长足的发展，获得伟大的成就，也实现成功的人生。

作为著名的成功学大师，卡耐基一直非常重视信心对人的影响。他曾说过，他最想要留给子女的财产就是自信和勇气，而不是所谓的金钱。朋友们，从现在开始就让我们相信自己，并且为了自信付出加倍的努力吧！自信不但是我们成功的奠基石，也是促使我们展开切实行动的动力。只有行走在路上，我们才能发现前行路上更加美好震撼的风景。

你本没有敌人，只是你不愿意放过自己

人们最大的敌人，不是别人，恰恰就是你自己。只要冲破了内心的那一层障碍，或许你就离成功真的不远了。其实，有时候我们总喜欢为自己设置一层又一层的屏障，幻想出一个又一个的对手，去与之争斗，最后却把自己弄得狼狈不堪。这其实就是自己内心的“假想敌”在作怪的缘故。所谓“假想敌”，就是根本不存在的敌人，只是内心虚设的一个对手，而且会使你花费大量的心理能量同这个对手作战，并且不经意间把这种“斗争”的心态带到现实生活中来，影响自己的生活。

幸福从来就不是可以被别人掠夺的，除非你自己首先剥夺了追求的权利。我们总是以为目标高不可攀，总以为对手高大威猛，于是自己早早地就缴械投降。事实上，几乎你的每一个“假想敌”都不如你。真正的敌人永远都是你自己，是你内心深处的怯懦和软弱。

在职场中，常会见到这样的一些人，他们在工作中已经

取得了一定的成绩，但是，他们总觉得某些同事在背后批评自己。于是，他们把这些同事当成自己的“敌人”，无论做任何事，都想和同事比一比，以证明自己的能力。久而久之，他们发现，自己在被这些“敌人”撵着跑，稍一停顿，就可能会被超越和取笑。

其实，可能很多身在职场的人都遇到过类似的问题。同事之间无可避免地会存在竞争和利益关系，那些比较孤僻、自恃清高、不善合作的人最有可能把一些相对优秀、和自己水平相当的同事，视为竞争对手。说到底，“假想敌”存在的根源就是竞争，以及竞争带来的心理防御机制。

这些人认为同事在和他竞争，时时刻刻都等待时机超越自己，这种情况也许是真实的，但是，这更可能是被他自己放大的假象，是他自己内心世界的投射。人们之所以设立“假想敌”，其实是缺乏自信的表现，真正的敌人不是别人，恰恰是自己。

这类人一般很难接受自己的阴暗面，也很难接受他人比自己优秀。如果内心长期设立“假想敌”，就会消耗心理和生理能量，最终消灭斗志，阻碍个人发展。长此以往，生活也会变得更糟糕。

如果你正忙着和“假想敌”较劲，就该调试一下心态。不要总找人竞争，也不要把自己的失败归结在无辜的同事身上。要知道“假想敌”的出现，可能是对你工作的一个提醒，把他当成朋友，比当敌人更有利于自我成长和工作进步。

拥抱自信，呵护自己的心灵

一个人只有把心放空，才能更好地学习知识。一个人的成长是无止境的，他时刻都需要充足的养分。说到“养分”，大部分人会想到能让我们生命得以延续的食物，其实，这只是物质层面的养分，我们不能忽视了心灵所需的养分——知识。一个人若是缺少了知识的养分，就会像没有施肥的花儿，即使得到了很好的外在营养，但是，还是会慢慢地枯萎。

生活中的许多人总是关注到自己的外在，而忽视了心灵的呵护。当他们把自己的外表打扮得很精致的时候，其心灵却是空空如也。他们就像是一个等待欣赏的“花瓶”，只有光鲜的外表，而没有丰富的内在，根本没有可欣赏的价值。一个人的成长是无止境的，在成长的路上，我们应该汲取更充足的养分，诸如知识、才情、能力，如此，你才能成为一个内外兼修的人。

一个人的成长并不只是身体外在的成长，心灵也应该得到相应地充盈，如此，你的外在和内在才能得到较好的统一。在生活中，有的人一大把年纪了，但是，他的修养与内涵却甚是欠缺，这样的人，他们的心灵缺少应有的“养分”，或许，直到老，他还是一副流氓痞子的形象。

现代社会，是一个学习的社会，无论你毕业于哪所大学，从你踏入这个社会开始，你就必须学习；无论你有多大的本事，你都有学习的必要性，毕竟你不会无所不能。学习将伴随着我们的一生，你是否好学，将直接决定你未来能走多远。一个人最大的缺陷并不是没有接受过教育，而是放弃了学习的机会。

我们需要保持学习的习惯，这样才能丰富自己的心灵。肌肤需要汲取水分，也需要汲取营养，而心灵与肌肤一样，它同样需要汲取养分才不至于显得空洞。只有不断地学习，才能填满心灵的空虚。

第04章 敢于走自己的路，世界都会为你让路

心理学家认为，在众多心理问题的成因中，自卑占了很大一部分，而自卑来自于人们对自身的不正确评价，把自己摆在了错误的位置，以及看不到自己的优势。我们每个人都希望表现得更完美，都希望得到更好的评价，然而，我们每个人都是独特的自己，同时，我们在生活中都有自己的位置，每个人都扮演着不同的角色，在自己的世界里，我们是主角，在别人的世界里也许只是龙套。事实上，活出真正的自己，坦然面对生活给予的一切，不要让苛求完美的心束缚自己，才能让自己活得更真实。

对于任何事物，我们都要有自己的思考

日常生活中，可能我们都有这样的感触：对于那些已经被前人证实的观点或者众人都认同的思想，我们通常会本能地接受，省略思考的过程。而事实上，如果一个人总是有从众心理的话，那么，他最终会变得随波逐流，毫无创新意识和创新能力，进而一事无成。

哲学家尼采说：“我们不能被惯习所驱使，错误地判断事物是否重要。”也就是说，对于任何事物，我们都要有自己的思考，要养成凡事不要看表象的习惯，有问题时就要有寻根究源的愿望，然后巧用逻辑思维找到答案，这一点，一千多年前的伽利略就给我们树立了榜样。

很多时候，事物的表象往往具有迷惑作用，要想拨开迷雾，你就要善于运用逻辑思维。因为思维既不同于以动作为支柱的动作思维，也不同于以表象为凭借的形象思维，它已摆脱了对感性材料的依赖。

一位心理学家称，每个人都容易羡慕别人，因为在比较中，你总会发现比你优越的人。很多人不禁感叹，自己何时能赶上别人？世界著名的成功学大师拿破仑·希尔著有《思考致富》一书，在书中，他提出是“思考”致富，而不是“努力工作”致富。希尔强调，最努力工作的人最终绝不会富有。如果你想变富，你就需要“思考”，独立思考而不是盲从他人。

人都是独立的个体，对事物都应该有一个独立的看法和评价，一味顺从别人，你将找不到属于自己的路。然而，我们的生活中有这样一些人，他们已经习惯了听从他人的意见，甚至缺乏判断力和选择的能力，这样的人又怎么可能获得别人的尊重，又怎么可能独当一面呢？

一个人，活着就必须要活出自我，就要学会支配自己的大脑，就要有自己的主张，这样才能维持一个人的格调。总之，我们一定要有自己的想法，要有自己的原则，当你认为自己的观点是正确的时候，就没必要为了讨好别人而迎合别人，也没必要因为害怕得罪人而对别人的要求来者不拒。

一个有从众心理的人是很容易人云亦云的，这种心理足以消磨掉一个人的前进的雄心和勇气，也足以阻止自己用自己的努力去换取成功的快乐。它还会让我们跟随他人的脚步而只能停在别人的身后，以致一生都碌碌无为。因此，如果你想获得成功，那么，从现在起，无论遇到什么，你都要学会独立思考，拒绝人云亦云。

要有与众不同的思维，要走与众不同的路

成功者是社会中的少数人。我们都渴望成功，但最终成功的往往是那些走“小道”的人，人云亦云、混迹于人群中的人即使有天赋，最终也只能泯然众人。因此，生活中的人们，如果你希望获得成功，就要有与众不同的思维，要走与众不同的路，当你认为自己选择的路正确时，请坚持你的选择，别太看重别人怀疑和反对的态度，坚持自我，你会有更大的突破。

我们不难发现，那些真正的成功者多半都是特立独行的，在追求成功的道路上，他们也听到了来自各方反对的声音，但他们始终坚持自己的信念，无论别人反对的态度有多么强烈，他们都坚持自己的意见，这才使他们有了更大的成就。我们先来看看理查德的故事：

理查德是哈佛毕业的高材生，但令人感到惊讶的是，他并没有和其他毕业生一样，就职于某家大企业或者成为某一行业的技术骨干，而是成为了一个出类拔萃的油漆匠。

理查德的父亲也是一位手艺很好的油漆匠，他在年轻的时候，成功偷渡到了洛杉矶，但移民生活是辛苦的，而他正是凭借这一手好手艺在洛杉矶站住了脚，后来，因为一个大赦，他拿到了绿卡，他一家人也就成了名正言顺的美国公民。

理查德是个懂事的孩子，在他很小的时候，为了减轻父亲的工作压力，就常常帮父亲干一些油漆活。几年下来，他不但掌握了父亲所有的手艺，还在很多方面都有所创新，这让他的父亲感到很诧异。

理查德在读书方面也表现出了与众不同的天赋，他在学校的成绩一直是前三名，他在社区服务的记录一直是最好的，而且，他还获得过全美中学生美术展油画铜奖，这就使得他轻而易举地被哈佛大学录取了。

在哈佛读本科的四年，理查德虽然成绩一直名列前茅，但他似乎一直忘不了油漆工作，他觉得自己只有在摸油漆的过程中，才是快乐的，为此，一到周末他就赶紧回家，然后摆弄油漆。

很快，四年大学毕业，他选择不继续深造，而是在洛杉矶找了一份不错的工作。

理查德在工作中也一直很努力，为此，老板嘉奖了他很多次，但他就是忘不了油漆，一次，当老板问及他对公司有什么建设性意见时，理查德不加思索地说："公司经常要把一些零部件拿到外面去油漆，这样，浪费了成本不说，每次油漆的质量也不怎么样，如果公司能成立这样一个专门的油漆部门，那么，这个问题便能很好地解决。”

老板笑着说：“这简直太难了吧，买设备倒是小事，但我们去哪了找那些优秀的油漆工呢？”

理查德说：“用不着找了，你面前就有一个。”

于是，接下来，理查德道明了自己的想法，以及自己过去的经历，他还说，自己想招收一些年轻人，由自己亲手培训。这个想法打动了老板，于是，老板当即决定，成立油漆部，由理查德任经理兼技师。

回家后，理查德兴冲冲地告诉父亲自己提升了。听完儿子的话，老父亲半天没说出话来，他当然反对儿子这么做，但他也知道，自己是阻止不了儿子的。事实证明，理查德是对的，经过几年的经营，这个油漆部的工作非常出色，白宫有些用品都指定在这里进行加工。

为什么理查德的故事在哈佛大学被广为传诵？因为哈佛希望学生们能明白，一个人，只有走自己的路，坚持自己的想法，才能真正走出一条与众不同的康庄大道。

生活中的人们，如果你想走的路与父母为你选择的路相背离时，你是坚持自己的想法还是听从父母的意见呢？如果你与同学、朋友的想法相左时，你又该怎么办呢？其实，此时，如果你认为自己的观点是正确的，那么，你就要坚持。未来社会，相信自己正确，那么，你就敢走自己的路，就能不怕失误、不怕失败，在大多数情况下，不敢自信走“小路”的人，通常也难成为创新型人才。

其实，许多事例证明，别人给予你的意见和评价，往往不是正确的。

音乐家贝多芬在拉小提琴时，他宁可拉自己的曲子，也不愿做技巧上的变动，为此，他的老师曾断言他绝不可能在音乐这条道路上有什么成就。

20世纪最伟大的科学家爱因斯坦4岁时才会说话，7岁才会认字。老师给他的评语是“反应迟钝，不合群，满脑袋不切实际的幻想”。

大文豪托尔斯泰读大学时因成绩太差而被劝退。老师认为他“既没读书的头脑，又缺乏学习的兴趣”。

如果以上诸位成功人士没有坚持走自己的路，而是被别人的评论所左右，那他们就不会取得举世瞩目的成就。

因此，人生路上，我们不必过于在意别人的看法。用心思考，你会发现，任何一个成功的故事无不来自于一个伟大的想法，来自于坚持自己内心的声音。

特立独行，活出真正的自己

研究那些成功者的成长经历，发现他们对自我都有一种积极的认识和评价，固而相当自信。这种自信是一种魔力，使得他们即使在认清了自己的现状之后，依然能够保持奋勇前进的斗志，而这也是他们成功必须依赖的精神动力。生活中，每个人都梦想过自己能成为什么样的人，也许是科学家，也许是医生或者律师，不过，大多数人却宁愿梦想着，而不去实践，甚至希望能得到别人的救赎。事实上，做自己想做的人，其实很简单，只要相信自己，朝着梦想勇敢地奋进，那么我们就真的能够成为我们所希望成为的那个人。

首先，问问自己，你是否缺乏勇气？

小时候，幼儿园老师总是有意无意地引导我们："将来长大了想做什么样的人？"有时候，我们会认为自己天生就知道自己能做个什么样的人。但是，长大后，我们会发现，我们早已忘记了儿时的梦想，在成长过程里，由于缺乏勇气，我们将梦想搁浅了。

另外，做自己想做的那个人。

一个人究竟想成为什么样的人，或者内心深处想做什么样的人，这种感觉是不会变的。在追逐梦想的过程中，我们应该勇敢向前，克服畏惧心理，努力成为自己想做的那个人。

勇敢地去拼搏，我们才能做那个我们想做的人。在追逐梦想的过程中，我们会遇到许多实现梦想的机会，但却常常由于怯弱和畏惧的心理而放弃了努力，导致机遇一次次与我们擦肩而过。其实，只要我们克服胆怯心理，勇敢地奋进，我们就能够做自己想做的人。

勇敢去尝试，别原地踏步

诸葛亮在《出师表》里讲述自己的人生经历："后来遭遇失败，我在军事失利之际接受任命，在形势危急之时奉命出使，从这以来二十一年了。"诸葛亮在历史上呈现出的更多是一个儒生形象，但却在形势危急之时奉命出使，这对他而言，也需要勇气。

人的一生有太多的等待，在等待中，我们错失了许多的机会；在等待中，我们白白浪费了宝贵的光阴；在等待中，我们由一个英姿勃发的青年人，变为碌碌无为的中老年人，所以，我们还在等待什么？选择去尝试，别让自己在原地踏步。

人人都能下决心做大事，但只有少数人能够果敢地去尝试，也只有这少数人才是最后的成功者。生活中的大多数人，并非不知道行动的重要性，但是迟迟不愿意行动，结果又产生负疚感，造成意志薄弱。很多情况下，人们与其说是因为恐惧而不去行动，毋宁说是因为不去行动而导致恐惧。许多事情的难度都被我们的犹豫和摇摆夸大了。

勇于尝试需要一种开拓进取的精神。鲁迅先生曾经说过，其实地上本没有路，走的人多了，也便成了路。所以他十分赞赏“第一个吃螃蟹的人”，即那些在人类前进道路上披荆斩棘的人。

美国康奈尔大学的威克教授做过一个有趣的实验：把一只瓶子平放在桌子上，瓶子的底部向着有光亮的一方，瓶口敞开，先放进几只蜜蜂，只见它们一次又一次朝着有光亮的地方飞去，结果只能撞在瓶壁上。蜜蜂发现自己永远也无法从瓶底飞出，只好认命，奄奄一息地停在有光亮的瓶底儿。威克教授把蜜蜂倒出，仍将瓶子按原来的方向放好，再放进几只苍蝇。没过多久，它们一只不剩地全从瓶口飞了出来。

苍蝇为什么能找到出路？原来它们坚持多方尝试，一旦发现此路不通，便立即改变方向，最后终于找到瓶口飞了出来。威克教授的结论是：与其坐以待毙，不如横冲直撞，因为后者的做法比前者有用得多。

人的价值，不光是在取得非常成就时才显现的，具有尝试精神的人，他的人生，会更丰富多彩，熠熠放光。经过尝试，我们会发现自己具有取之不竭的智力潜能，会发现生命中潜藏着许多连自己也无法想象的能力。如果不去尝试，这些能力永远也没有机会大放异彩。尝试，是铸造卓越与杰出人生的一种方式，是事业成功的一条重要途径。

人生需要选择，需要你果敢地去拼搏，去行动，去做自己该做的事情，哪怕你很畏惧，哪怕你很犹豫，但如果摆在你面前的路是正确的，你就要立即行动起来。

胆小怕事，只会让你错失很多机会

在遭遇人生的困境或者磨难时，有些人选择勇敢直面，无论遭到多大的困难，都勇往直前。他们不能停下来，因为停下来意味着失败。与他们恰恰相反，因为恐惧，有些人选择裹足不前，有些人选择一味逃避，有些人则选择退缩。很多情况下，困难既是障碍，一旦逾越，就能帮助我们拔高人生的高度，让我们的人生在超越现状的基础上取得质的飞跃。遗憾的是，很多人都无法坦然接受这样的挑战，他们总是因为未知的未来而胆战心惊，恨不得一切都在自己的把握之中才能心安。也因为患得患失的心态，他们变得胆小甚微，根本不知道如何前进。这样的人，必然因为犹豫不决错失更多的机会，人生也会变得糟糕。

一个成功的人，往往具备果敢决断的品质。细心的人会发现，大多数优柔寡断、瞻前顾后的人，很难抓住千载难逢的好机会，而且还会因为延误错失时机。我们需要知道，危机既代表着不可预知的未来，也代表着巨大的成功。每一个能够战胜危机抓住机遇的人，都能够成就属于自己的人生。很多人不相信人生有奇迹，这样的人永远也不可能创造人生的奇迹，因为他们不信。而只有心里揣着奇迹的人，才可能真的拥有人生的奇迹，因为奇迹就在他们的心中。

现代社会已经不适合明哲保身的人生存。因为在信息大爆炸的现在，很多机遇就隐藏在纷繁芜杂的信息之中。有些人不管遇到什么事情都持有事不关己高高挂起的态度，殊不知，机遇随时都有可能到来。如果你没有做好准备，机遇又怎么会青睐于你呢！聪明的人知道，与其把时间用于抱怨，不如多多尝试。获得成功的唯一途径，就是勇往直前，全力以赴。

唯有突破自我的束缚，才能真正自由地飞翔

在这个大胆的时代，如果一个人活得过于小心，就很难找到出路。就像契诃夫笔下的“套中人”一样，胆小甚微、满心恐惧，总是时刻把自己装在一个套子里，根本不敢坦然面对自己的人生，更别说接受和拥抱这个瞬息万变、充满刺激的世界了。

细心的人会发现，在生活中的很多时候，即使面对同样的困境，不同的人也往往有不同的命运。这是为什么呢？无非是人的脾气秉性和对待生命的态度截然不同导致的。例如，原本还很乐观的境况，在悲观的人心里，也许就是绝境；即使很悲观的境况，投射到乐观的人心里，也许就充满生机。由此可见，禁锢我们的并非客观的存在，更大程度上是我们的内心。每个人唯有突破自我的束缚，才能真正自由地飞翔。

有个年纪很大的老妈妈，住在镇子里特别偏僻的地方。她有两个女儿，都在镇子上热闹繁华的街道做生意。大女儿是卖伞的，二女儿是卖鞋的。每当遇到阴天下雨的天气，老妈妈就非常担忧地说：“这么恶劣的天气，还有谁会买鞋呢？我的二女儿啊，一定生意冷清。”每当遇到晴朗的天气，老妈妈依然满怀担忧，郁郁寡欢地说：“今天艳阳高照，谁会想起来买伞呢！我的大女儿啊，一定入不敷出，凄凄惨惨。”为此，不

管是艳阳高照还是风雨交加，老妈妈都愁眉苦脸，为女儿们的生意担忧。这时，邻居说："老妈妈，你为什么不能反过来想呢！如果下雨，你大女儿的伞就会卖得很火爆，如果晴天，你二女儿的鞋子又会热销。不管什么样的天气，总归你的女儿们都是轮流赚钱的，这应该值得高兴啊！"邻居一语点醒梦中人，从此，老妈妈每天都高高兴兴的。

在这个事例中，老妈妈之所以愁眉苦脸，就是因为担心两个女儿的生意。她总是从悲观的角度看待问题，所以整日都很忧虑。但是在邻居的点拨下，她改变角度看待问题，调整了心态，就总是高高兴兴的了。虽然这个故事的道理很简单，但是却广泛适用于生活。

马丁和杰克结伴穿越撒哈拉沙漠。因为带的水喝完了，再加上太阳灼热，杰克中暑了，不能继续往前走。马丁当仁不让，主动提出要去找水，还要寻求救援。为了找到水之后及时找到杰克，马丁特意留下了随身携带的手枪，并且告诉杰克："你每隔两个小时就对空鸣枪，这样我才能确定你的方位。记住，这里有六颗子弹，不要浪费。"说完，马丁就出发了。

杰克头昏脑涨地躺在马丁为他搭建的临时避难所里，难熬的时间里，他内心充满焦虑和恐惧，生怕自己最终会变成沙漠里的木乃伊。眼看着他已经打了五颗子弹，现在枪里只剩下一颗子弹了。他很担心，不知道是应该继续对空鸣枪，还是把这颗子弹留给自己结束生命。他甚至因为极度恐惧，觉得马丁肯定不会回来了，也不可能找到水。眼看着夜深了，如果遇到狼群的袭击怎么办？奄奄一息的杰克心乱如麻，最终，他选择了结束生命。没过多久，马丁带着一整罐清水回来了，他迫不及待地想要告诉马丁他找到了驼队，却看到了杰克的尸体。

事例中的杰克死于自己的心魔。他缺乏不到最后一刻不放弃的坚持，最终居然主动结束了生命。实际上，只要我们心中怀着坚定不移的信念，奇迹就有可能发生。遗憾的是，杰克最终没有突破自己的心魔。

生命中，几乎每个人都曾感受过恐惧。然而，强者翻山越岭，最终成功登顶，弱者却只会暗自叹息，犹豫不定，最终被囚禁在心中的樊笼中，再也难以获得自由。

面对畏惧，你是选择勇往直前，还是选择畏缩不前？勇往直前，你的人生会更加开阔，畏缩不前，你只会被囚禁在自己的心里，人生再无任何希望可言。打个形象的比方，胆怯就像是一副枷锁，沉重地套在我们的心上，不但让我们的心无法自由地飞翔，也让我们的行动受到极大的限制。唯有勇敢地相信自己，我们才可能拥有大开大合的人生。

第05章 学会调适压力，让心灵舒适安然

生活中的我们，都要为生计奔波，都要面临繁重的工作压力，我们常常需要周旋于各种应酬场合中，立身于尘世中太久，你是否经常有种孤独、寂寞、窒息的感觉？你是否觉得压力大？你是否觉得不如人？你是否不知道自己要的到底是什么样的生活？你的心是否曾经被一些自私自利的狭隘思想笼罩过？你是否已经变得人云亦云？如果有，那么，你应该停下脚步，给自己一段独立思考的时间，适当调整工作、学习与休息的时间，经常散散心，放松绷紧的神经，清除内心的情绪垃圾，释放无形的压力，这样才能重新起航！

既然压力不可避免，那就积极地迎接它

曾在一本书上看到这样一段话：“人一生中都会面临两种选择，一是改变环境去适应自己，而是改变自己去适应环境。既然压力是已经存在的，根本无法彻底消除的，那我们何不积极地改变自己，正确引导各种压力成为自己前进的动力呢？”在现代社会，几乎每一个人都有压力，其实，适当的压力对我们自身是十分有用的。一个人的潜力究竟有多大呢？我想大多数人都不清楚，对此，科学家指出：人的能力中有90%以上处于休眠状态，没有开发出来。是的，如果一个人没有动力，没有磨练，没有正确的选择，那么，积聚在他们身上的潜能就不能被激发出来，而压力会给他们这样的动力。所以，适当的压力不仅能激发出一个人无限的潜能，而且，还能够带给我们许多快乐。

在日常生活中，来自各方面的压力使我们感到很累，好像生活被一个巨大、无形的网笼罩着，这令我们做任何一件事

情都感到力不从心。于是，在强大的心理压力下，我们常常会幻想享受那种无忧无虑、不知忧愁的生活。事实上，没有压力的生活是不可能快乐的，我们只会感到烦闷、无聊，这样的生活状态久了，我们会感觉自己在堕落，从而丧失了对生命的追求。另外，生活在现代化的社会，我们无论如何都避不开压力：学生时代，我们所承受的是各种考试的压力；工作时期，有着上司的要求，家人的期许，自己内心的苛求，等等，这些压力都是无法避免的。既然无法避免那些潜在的压力，何不把压力当作生活的调剂品呢?

她是一位典型的家庭主妇，老公做汽车运输生意，生意十分红火，她的事业就是“相夫教子”。每天，除了煮饭就是洗衣服，除了逛街就是打扫清洁，甚至于，连两个孩子的学习都不用操心，因为请了家庭教师。生活得如此惬意，她也常常受到许多人的羡慕：“你真有福气啊！老公有本事，孩子聪明伶俐，你年纪轻轻就过上了富太太的生活，哎，真羡慕你，哪像我，还要焦虑这样，担心那样，像你没有压力真好。”刚开始，她也会推辞几句：“哪里，哪里。”时间长了，她也会疑惑：难道自己真的如他们想象般的快乐吗？以前孩子还小的时候，还可以陪在他们身边，现在老公长时间在外面谈生意，孩子也上学了，家里就剩下了自己一个人，尽管没有金钱的压力，没有生存的压力，但是，总是感觉到自己很无聊，心里烦闷，几乎已经远离了久违的快乐，这是为什么呢？

在现代社会，大多数都会羡慕没有经济压力的家庭主妇、坐在办公室看报纸的公务员，总觉得他们的生活总是那么悠闲自在，远离了压力的困扰。事实上，他们的生活真有那么快乐吗？一位公务员的朋友这样说："每天九点我才去上班，十点左右就可以离开了，下午有时候根本不上班，可是，一天剩下了这么多时间，我也不知道怎么打发，心绪变得混乱不堪，时常感到无聊、烦躁，有时候，我甚至感觉到自己在浪费生命。"其实，烦闷的根源是"无所事事"，无聊似乎比压力更令人苦恼。对此，心理学家建议那些感觉生活无聊的人，尽可能找一份自己喜欢的工作，不管收入有多少，至少能够体现自己的价值，给生活带来适当的压力。

一位留学英国的朋友回国，向同学们讲述了自己在国外的生活："刚开始，我在国外的时候，由于自己英文很烂，害怕出丑，整天就把自己关在屋里，看书、上网、看电影，这样的生活状态整整维持了一个月，我崩溃了，我开始想：自己是否应该干点什么？"后来，她去了国家应用科学院求学，刚开始的时候，老师讲课自己一半都听不懂，而且，老师讲课也没有教材，只能靠自己做笔记，压力非常大。当时，她想，自己只要及格就行了，没有必要追求名列前茅。于是，每天，她都会拿着同学的笔记来抄，然后，就跟自己的男朋友一起出去约会。

临近考试的时候，她才开始“抱佛脚”背诵笔记，每天只睡三个小时，第一次考试，她及格了。虽然，自己的分数并不是很高，但是，令自己高兴的是老师给全班同学发了一封邮件，在信里，老师这样说：“这次考试，我以为出的题目比较难，但是，令我没有想到的是，班里的三个留学生考得还不错，希望你们继续努力。”老师的鼓励令她受到了鼓舞，她开始认真听课，成绩也越来越靠前了，到了第二年，她的成绩就排在了全班第一，这样的成绩不仅令同学感到惊叹，连她自己都觉得不可思议。最后，她这样说道：“在国外求学的经历堪称跌宕起伏，但是，我并不觉得有什么不好，这些所谓的挫折与困难，让我学会了承受，让我赢得了最后的胜利。我们的生活需要适当的压力，压力教会了我们什么是坚持，最重要的是，让我远离了那种无聊、烦闷的生活，而重新拾起了久违的快乐。”

有时候，适当的压力反而是动力，当你坚持下去，你就会发现已经没有多少压力了，所有的压力都会在行动中找到发泄的途径。只要我们能够坚定地走下去，全力以赴，我们将赢得自信，我们知道自己能够做得更好，这样就能消除各种压力，获得动力，从而走向成功。当然，只有适度的压力才是最有效的，如果压力过大或根本没有压力，那么我们将不会快乐起来，也不能赢得最后的胜利。

也许，有人会问，什么是适当的压力？适当的压力，就是指时间不长、刺激不大、能让人最终有成就感的压力。所以，要随时让自己拥有适当的压力，舒缓过大的压力，从而远离无聊、烦躁的心境，重新追逐生活的快乐。

调适心情，别把压力当阻力

人生中有许许多多我们始料不及的事情，正是“欲渡黄河冰塞川，将登太行雪满山”。但是如果不能承受压力，跌倒后爬不起来了，就绝不会涌出“长风破浪会有时，直挂云帆济沧海”的凌云壮志和万千豪气！而若要成功克服困难，除了要有坚强的毅力外，我们还要学会调适自己的心态，绝不可把压力当阻力。我们认为的逆境，有可能对我们有所帮助。

敞开心扉去了解，你能发现，压力并不是你必须去除和消灭的敌人，而是你最真诚的朋友。因为，它们给你带来的是最可遇而不可求的生命领悟，当你把这些带来礼物的朋友当成敌人，你就收不到它馈赠的珍贵礼物。

如果我们能学会调适自己的心态，就能看到压力的正面效应，那我们就会以坦荡的心境，豁达的胸怀来应对生活中的每一份酸甜苦辣，让原本平淡乏味的生活焕发出迷人的色彩，那么，你会发现，磨难与逆境也不过是飘来的“浮云”。

罗曼·罗丹曾说：“只有把抱怨别人和环境的心情，化为上进的力量才是成功的保证。”经受别人的考验、提升自身的张力，你才会在人海中脱颖而出。

礁石，想要展现浑然天成的光滑弧度，就必须接受海水无数次的冲撞；河蚌，想要孕育出晶莹的珍珠,就必须接受沙烁残忍的侵蚀；雄鹰，想要搏击长空,就必须忍受一次次试飞的跌落；人也是一样，庸人把磨难当作灾难，而智者却把磨难当成一种财富。

压力对于我们来说，是一笔宝贵的财富。生活原本就是平淡的，如果再没有一些磨砺，那么，我们的生活还有何滋味可言呢？当然，除了要调适自己的心态外，我们还需要找出一种能帮助自己清理情绪垃圾的方法。

心理学家曾说过：“人是最会制造垃圾污染自己的动物之一。”正如清洁工每天早上都要清理人们制造的物质垃圾一样，我们要想彻底消除倦怠，也必须经常反省自己，时刻清洗心灵和头脑中那些精神垃圾，真正让自己时刻心如明镜，洞若观火，以最好的状态去投入工作。

那么，在压力面前，我们该怎样调适呢？下面是几条建议：

自我暗示。采取这种方法，可以抑制不良情绪的产生。比如，你可以告诉自己，我是最棒的，沉住气，别紧张，胜利一定是属于自己的。这样就能增强自信心，冷静情绪，就能遏制冲动，避免不良情绪造成不良后果。

自我激励。这是用理智控制不良情绪的又一良好方法。恰当运用自我激励，可以给人精神动力。当一个人在困难面前或身处逆境时，自我激励能使你从困难和逆境造成的不良情绪中振作起来。

心理换位。这也是消除不良情绪的有效方法。所谓心理换位，就是与他人互换位置角色，即俗话所说的将心比心，站在对方的角度思考、分析问题。通过心理换位，来体会别人的情绪和思想，这样就有利于消除不良情绪。

总之，一个人如何面对压力和困难，体现了他的情商高低，在压力面前，我们只有学会调适，才能及时卸下包袱，继续上路！

为自己的生活营造一些小情调，轻松减压

生活本是一张白纸，需要你自己拿着画笔，一笔一划地

勾勒出美丽的风景；生活本是一杯白开水，需要你自己往里面增添甜蜜、幸福、悲伤，调制出五味俱全的味道。生活本来是平平淡淡的，主要是看你怎么来经营它。许多人对生活充满了抱怨，总是觉得自己每天除了工作就是睡觉，已经丧失了最初的激情；有的人总是为柴米油盐酱醋茶而担忧，日子过得拮据而无味，看不到任何希望。现实生活中的人们，忙着上班，忙着挣钱，忙着照顾家庭。在忙碌的生活中，他们抱怨着，哭诉着，却不愿清醒着。其实，生活本身没有对与错，而是在于你的心态，你的生活方式。对于那些心态乐观，懂得享受生活的人，每天都是充满阳光的。所以，我们要学会为自己忙碌的生活营造一些小情调，调剂生活，更是充实自己，丰富心灵。

生活中的小情调并不需要什么昂贵的奢侈品，它就如同濛濛细雨，滋养着忙碌的人，使他们每一个日子都那么丰盈而充满意蕴。情调就是人与生俱来的情致，是骨子里最温柔的情结，是只通过自己的感官享受来体验生活的一种方式。平淡的生活充满了枯燥、倦怠的气息，压力让我们喘不过气来，其实，这时候需要我们给自己留一点时间，为乏味的生活营造一些小情调。生活越是忙碌，越是枯燥，越需要情调。情调在一定程度上为自己减轻压力，消减负荷，让我们烦闷的心情得到放松得到释放，让我们重新体会到生活的美好。

王姐是个精明能干的人，曾经在好几家大型公司当过副总，拥有MBA学位，美丽、漂亮、优雅！她之前有段短暂的婚姻，一年之后就因为性格不和而离婚了。离婚后，她把心思都投入到工作上去，日子虽然过得很忙碌，但是她的生活却很有小资情调，没事就学学插花、看看电影，那份闲情逸致，让身边的朋友羡慕不已。

王姐出生在一个富商之家，从小耳熏目染，骨子里喜欢有情调的生活。虽然长大后的她，整日处于很忙碌的状态。但每到休息的时候，她又会想起自己那有情调的生活来。在不上班的时候，她就喜欢逛花市，一逛就是一上午，每次回家，不是手捧一把鲜花，就是提一盆绿枝。除此之外，她还经常去学习插花，在老师家里一呆就是一下午。如今，她的插花技术日益长进，哪怕是一个很粗糙的瓶子，凭着她的心灵手巧，于是，美丽和诗情就出现在眼前了，或是将其放在案头，或是放在居室，她说，那时，她有美丽的心情。

对于每一个生活忙碌的人来说，情调并不是什么奢侈品，也不需要我们花费多大的精力。当你周末无聊的时候，窝在最心爱的沙发里，翻着一本心仪的书，泡上一杯沁香的玫瑰花茶，这时候，生活的情调就会慢慢萦绕在你身边，牵动你内心最柔软的部分。生活需要情调，而情调也充斥着生活的每一个角落，只是需要你去发掘它们，并弹奏出最优雅的调子。

情调就如同生活的调味品，为你的生活增添别样的味道，使你的生活不至于单调乏味。在更多的时候，它只是一种愉悦的心情，那就是在微雨的天气，故意把雨伞收进包里，独自走在大街，感受细雨的朦胧，细雨的浪漫，那份怡然自得，也就是情调；在寂静的夜晚，迷人的灯光，穿上最美丽的衣裳，浅浅啜饮，品尝红酒的魅惑；夏日的午后，独自倚着窗，凭栏眺望，佳人品佳茗。情调，其实就暗暗隐藏在我们生活的每一个角落，需要我们于细微处去发现，用心去体味。我们可以用以下简单的方法营造生活情调。

1.听听音乐

一曲节奏明快、悦耳动听的音乐，会让我们内心的不快烟消云散，乐而忘忧。当音乐如流水一般缓缓而来，体内的神经体液系统处于最佳状态，从而达到调和内外、协调气血通行的效果，达到消乏、怡情、养性的目的。

2.练练书法、绘绘画

有人把绘画、练书法比作气功锻炼，因为练书法和绘画都要求必须平心静气、全神贯注、排除杂念，这与气功是有异曲同工之妙的。而且，当练书法和绘画的时候，需要讲究姿势，这不仅可以排解内心的不快，也可以令人保持一种平和的情绪。

3.垂钓

一般而言，适合垂钓的地方大部分在郊外，常常到郊外走走，本身就是一种释放身心的方式。而且在水边湖畔，空气异常清新，负离子含量高，令人感到悠游自得，心旷神怡，能起到减压、减轻疲劳的作用。

4.养花

养花不但能供人欣赏、美化环境，更令人赏心悦目，而且花香更让人痴醉。鲜花释放的花香，可以通过人的嗅觉神经传入大脑，令人气顺意畅、血脉调和、怡然自得，产生愉快的感觉。

5.跳舞

研究发现，即便是慢步舞，其能量消耗也使人处于安静状态下的3~4倍。当然，跳舞时为了与音乐协调，必须全神贯注，将注意力集中在音乐和舞步中，加上轻松愉快的音乐伴奏和迷人灯光的衬托，这便是一种美的享受。

6.旅行

近几年，旅行已成为减压和疗伤的代名词。旅游可以使人饱览大自然的奇异风光以及历史、文化、习俗等人文景观，令人获得精神上的享受。当然，置身在异域风景中，呼吸新鲜空气，让身心来一次任性的出行，更令人感到放松。

我们要学会为自己减压，为自己的生活营造一些小情调。

其实，不是生活中缺少了情调，而是我们缺少了发现情调的那颗细微的心。说到底，情调就是一种生活的态度，一种平和的心态，一份闲情雅致，一份优雅情怀。

你有空忧虑，只因不够忙碌

曾经有一位女士发出疑问：“我每天都感觉到非常忧虑，我该怎么办？”我很想问问她，难道你生活中真的没有其他事情了吗？照顾家庭，或是努力工作，如果你把花费在忧虑这件事上的精力分一大半给其他事情，情况是否会有所好转呢？我相信，保持忙碌的生活，绝对会让你没空去想那些毫无意义的忧虑。

萧伯纳曾说：“人生之所以活得悲惨，是由于有闲暇时光烦恼自己是否过得快乐。”在生活中，我们千万不要没事找事，不要总想着自己是否快乐，而是马上行动，让自己忙碌起来。忙碌的工作会让一个人觉得时间过得很快，同时还会加速身体的血液循环，让思想变得敏锐。工作的忙碌感会驱散藏匿在内心的忧虑，假如你正在忧虑之中，那就马上找事情做，让自己变得忙碌起来。事实上，这绝对是消除忧虑的最佳方法。

有一次，卡耐基坐车从纽约到密苏里州，在餐车吃饭时认识了一对来自芝加哥的夫妇。

这对夫妇有一个非常疼爱的儿子。不过，在珍珠港事件爆发之后，他们的儿子就参军了。那位夫人曾经非常担心儿子的安全，整天都会想：儿子现在在哪里呢？他们在战场吗？他受伤了吗？他是否还活着？……因忧虑过度，夫人差点患了忧郁症。

后来，这位夫人将女佣辞退了，她想要亲自来承担家庭一切的家务活，以转移注意力。不过，她在做这些家务时总是不够投入，只是机械性地完成它们，她的大部分心思依然在担心自己的儿子，所以好像并没有什么效果。当她在铺床、洗碗时还是担心儿子时，她意识到自己应该找一个让自己从早忙到晚的事情做，这样自己才没有空闲的时间去想儿子。于是，她应聘到一家百货公司做售货员。

售货员的工作是异常忙碌的，当她还来不及思考什么，那些顾客就会拥挤在她身边，询问商品的价格、尺寸、颜色等问题，一秒钟都停不下来，她当然无法考虑工作以外的事情。晚上下班后，她所想的不是儿子的事情，而是如何让自己酸痛的双脚休息一下。所以，吃过晚饭之后，她累得倒头就睡，没有时间和精力去忧虑了。

最后，这位夫人说：“我很喜欢约翰·考伯尔·伯斯在其著作《忘记不快的艺术》中所说的话：当一个人认真做一项工作时，能获得一份闲适的安全感、内心深处的宁静和因快乐而产生的迟钝的感觉，这些都可以令人感到欣慰，达到平静心灵的目的。”

在现实生活中，大多数朋友在工作时可以做到忘记自己，摆脱生活中的烦恼。不过一旦闲下来，或者下班后回到家里，那空闲的时间是难以打发了。本来这段时间是休闲的快乐时光，不过却让内心深处的忧虑趁虚而入，人们开始怀疑人生的意义，总在考虑自己应该怎么做，抱怨生活太过于枯燥、今天被上司批评了或者自己是不是身体出现问题了。

奥莎·强生是世界最著名的女冒险家，著有传记故事《与冒险相伴》。可以说，她是一位与冒险缔结姻缘的女人，而且在这个过程中受益诸多。

奥莎·强生在16岁那年嫁给了马丁·约翰逊，并随着丈夫离开堪萨斯州去了婆罗洲，最后定居在婆罗洲的野生丛林里。在过去的25年里，奥莎跟随丈夫周游了世界各国，并将亚洲和非洲即将灭绝的野生动物拍摄记录下来。

他们在9年前回到美国，四处做旅行演讲，放映他们拍摄的专题片。不幸的是，当奥莎与丈夫从丹佛飞往西岸时，乘坐的飞机撞到山峰，约翰逊先生当时死亡，而奥莎被医生宣布无法再站立起来，将终生卧床。

奥莎无意中看到了丁尼生在诗歌中吟诵：“我必须不停地盲目以忘记自己过去的伤痛，否则我会精神崩溃的。”所以，令医生感到意外的是，就在三个月之后，奥莎已经坐着轮椅向人们发表演说了，后来，她陆陆续续差不多就坐在轮椅上完成了上百场的演讲。当有人为她为什么这样做的时候，她说："我不停地忙碌，是因为不想给自己痛苦和忧虑的时间。"

英国总统丘吉尔曾说："我太忙了，根本没有时间忧虑。"无暇顾及忧虑，这是丘吉尔的名言。在第二次世界大战期间，在战事最紧张的时候，丘吉尔每天工作18个小时，虽然肩负重任却不会忧虑，因为用他的话说，根本没时间忧虑。

当我们处于空闲时，心境是近似于真空状态，那这些原始的情绪，诸如忧虑、恐惧、厌恶、嫉妒、羡慕等情绪就会占据心境的空间，从而打破内心的平静，那本来的快乐、乐观情绪就会被驱赶出心境。所以，如果你想改掉自己忧虑的习惯，那必须坚持第一条规则：保持忙碌的生活。忧虑的你必须马上找事情做，否则你只有在绝望中挣扎，最终被忧虑吞噬。

压力过大，请及时疏解

当你在闲暇时走进公园，走近喷水池，看着高高喷射出的水花，我们都明白这是压力的作用。

人也需要压力才能在人生中激起水花。有压力才会有动力，有动力才会让生活有了质感。话虽如此，人们在面对来自各方的压力时，却时常找不到自己，看不清方向。只能在尘世的无奈中任岁月滑去，在心间眉宇间蒙上了一层霜。

即使你选择逃避，但也只是一时，问题仍然会在一下刻侵扰你的内心。压力给人以苦恼，因此又有太多的人一直在寻求良方，让心在失衡的现代社会中找到属于自己的天堂与乐园。但是各种困扰却会层出不穷地出现在我们的人生里，它似乎变化着花样悄悄地来到我们的身旁，伴着岁月与我们一起成长。如果你能驾驭它，就能成为它的主人；如果你任由它肆意增长，它会成为你人生的一大主题，让你的悲情生活一遍遍地上演。这或许就是生活的乐趣。

能够控制压力，让压力给自己以积极的作用，你的人生才会大踏步地接近成熟。但生活中的很多人已经习惯了在可以选择前进时畏缩不前，只因前方有太多的苦难要去面对。很多人在能够挑战自己、改变生活时选择了维持现状，因为现实的压力让他们觉得自己进退维谷。哲人说：“谁要是害怕走崎岖的山路，谁就只好永远留在山脚下。”谁要是被压力打倒，谁也就永远只能在原地踏步，苦闷地思考自己为什么不能拥有收获的喜悦。

知道如何控制和利用压力的人，是生活中的强者，即使你做不到这点，也要让自己学会释放压力，让生活变得轻松、恬静，做一个善待自己的人。压力与心态也是紧密相连的，把握好自己的心态，管理好自己的情绪，让压力减少到最低限度。以下是释放压力不错的方法。

1.玩自己喜欢的运动

每个人都有自己喜欢的运动，有的是篮球，有的是羽毛球，有的是跑步。当自己压力很大的时候，就可以抛下手头的事情，疯狂地玩一次自己喜欢的运动，让自己在运动中尽情地宣泄，这样就会轻松很多。

2.跟朋友一起K歌

其实，唱歌也是一种很好的减压方式，但是需要注意的是，我们需要叫上那些玩得比较开的朋友，一群人在一起疯狂地唱和跳，这种感觉会很放松。当然，如果允许，可以喝一点点红酒，微醺的感觉更好。

3.去骑行

一辆单车，一个旅行包，就能够进行一场短暂而又放松的旅行了。现在微信、陌陌等社交软件比较发达，在我们身边也有很多骑行组织，你可以选择一个合适的群体，然后一起去骑行。归来之后，洗个热水澡，好好地睡一觉，相信整个人会轻松很多。

4.玩玩游戏

当觉得自己内心压力较大的时候，可以来几把游戏，在游戏的世界里尽情地玩耍、驰骋，整个人的心情就会感觉轻松很多。不过凡事记得点到为止，不能过度沉迷其中。

如果你也把握不好自己的心境，或者你心乱如麻，暂时地忘却也是一种美丽的境界。现实人生中，当我们处于压力的困扰中时，找一个释放自己内心深层感触的港湾也是一种别致的情怀。暂时的忘却能让心得到抚慰和歇息。让心拥有一刻的洒脱，释放心中的苦闷，得到暂时的宽慰，然后正视自己，面对生活。

第06章 积极调控人生，远离负面情绪

每个人都有自己的情绪，情绪对我们的生活和命运具有决定意义的影响。积极的情绪会引导我们以正确、恰当的方法做人做事，引导我们成功，而相反，在消极情绪的引导下，我们也可能会因做错事而追悔莫及。青春期是情绪化的年纪，我们的情绪很容易被周围的人和事影响，因此，我们每个人都必须学会做自己情绪的主人，并掌握一些摆脱坏情绪的方法，只有这样，你才能避免因不当的发泄方式给自己和他人带来困扰。

积极调控，别让人生被负面情绪绑架

通常情况下，人们认为健康的身体是美好生活的基础，而愉悦的心情则是幸福生活的血脉。任何人，如果没有积极快乐的情绪，总是被负面情绪紧紧包裹，则一定会远离幸福，导致人生被负面情绪绑架。

然而，人生总不会是一帆风顺的，命运常常非常调皮，会捉弄我们，甚至还会反复无常，导致我们哭笑不得。在这种情况下，如果我们因为一时的失意就陷入懊悔和悔恨之中，我们的人生则一定会黯然失色。而且，人生短暂，如同白驹过隙。这个世界上根本没有后悔药可卖，一切沮丧绝望、懊悔不已的情绪都将会于事无补。而且，我们也会因此失去对自身的把握，导致人生更加糟糕。从这个角度而言，我们没有必要因为自己曾经的过错念念不忘，也不必因为人生的一时失意痛苦不堪。记住，人生一切的历练都是为了使我们的明天更加美好，而且人生中的所有经历，不管是悲哀的还是欢喜的，最终都会成为人生最宝贵的经验和财富。所谓不经历无以为经验，哪怕我们读万卷书，行万里路，最终也必然要亲身经历，才能使人生的经验越来越丰富。

人生在世，很多事情都是人力所无法控制的。我们唯有尽心尽力，做好自己能做的一切，才能顺其自然，坦然接受命运的安排。当然，因为人是情感动物，所以每个人都难免因为各种意外的事情或者不如意，情绪产生波动，心情受到影响，这也是人之常情。除了从心理上对自己进行调节之外，还可以采取其他的方式帮助自己舒缓情绪，变得积极乐观。朋友们，要努力让自己有一颗快乐向上的心哦！

（1）运动能够很好地舒缓压力，尤其是诸如游泳、滑冰等全身运动，不但能够帮助人们增强体质，更可以帮助人们消除压力，恢复良好的情绪。

（2）人们常说，“心静自然凉”。意思是说，不管天气多么炎热，只要内心清净，就会感到清凉。从心理学的角度而言，平静的心态对我们的心绪将会产生很大的影响。因此，我们可以经常静坐，静心冥想，这样才能做到心怀宽大，心胸开阔。

（3）当内心感到劳累的时候，为了使内心得到休息，让身体劳累是很好的方法。适当地流汗，可以帮助人们缓解内心的焦虑不安，诸如可以健走，或者是进行各种伸展运动，使内心与身体一起得到舒展。

（4）很多人在心情不好的时候喜欢整理东西。的确，当内心凌乱不堪，把周围的环境整理得秩序井然，也就可以让我们的内心随之变得更加整齐，井井有条。因而，心绪杂乱的时候，既可以整理办公桌，也可以收拾自己的房间，还可以对全家进行大扫除。这样不但能够及时转移注意力，也可以让我们的内心充满正能量。

盛怒会让你丧失理智

每个人在面对生活的不如意和诸多意外时，难免会感到愤怒。愤怒，总是给我们的生活带来很多负面影响，也会无端消耗我们的幸福快乐，使我们郁郁寡欢。尤其是经过心理学家研究证实，人在愤怒时不但智商会降低，身体也会产生毒素。自古以来，因生气而死的人不在少数，也间接说明了愤怒对于人体的恶劣影响。

现代社会中，每个人每天都要承受巨大的压力，不但要处理好生活和工作，而且还要与他人搞好关系。如果不能适度控制自身的情绪，导致自己因为愤怒与他人之间关系紧张，则可谓得不偿失。尽管每个人都想要远离愤怒，但是愤怒却与我们如影随形。尤其是对于脾气暴躁的朋友们而言，他们常常因为芝麻大的小事情就陷入愤怒之中无法自拔，不但伤害自己，也伤害他人，甚至有可能导致自己的人生都因此走入歧路。其实，愤怒改变不了任何事情。如果你很贫穷，愤怒只会使你利令智昏，导致事情更加糟糕，甚至使你更加贫穷；如果你急于找到人生的机遇，那么因为愤怒白白浪费时间的你甚至会与好机会失之交臂，导致追悔莫及。既然愤怒不但对我们的成功无益，而且会导致我们远离成功，我们为何还要愤怒呢？如此损人不利己的事情，最好少干为益。

然而，人是情感动物，每个人都有自己的脾气秉性，也难免因为客观外界的很多事情导致情绪波动，这也就注定了我们一生之中都要与愤怒打交道。既然我们无法彻底杜绝愤怒，那么最好的方式就是学会与愤怒和谐共处。

从心理学的角度而言，愤怒的情绪是人生的毒瘤，对于人的身体和生理健康都极具危害性。虽然愤怒不会使大多数人立即致命，但是它却如同病毒一样吞噬人的身体，使人的身体日渐衰弱，百病缠身。当然，很多人都知道自己不应该被愤怒控制住，也很愿意远离愤怒，遗憾的是大多数人并不懂得如何控制自己的情绪，也就直接导致他们成为愤怒的奴隶，被愤怒的驱使。

有些很有涵养的人会选择掩饰和隐藏愤怒。其实，这种方法虽然能避免伤害他人，但对于自己的身体却是有很大坏处的。真正地降服愤怒，就要调整好自己的心态，才能从根本上解决问题。人人都想要成为人生的主宰，殊不知，要想主宰人生，首先要主宰自己，主宰自己的情绪。

人生，总是面临着各种各样的选择，愤怒也是我们的选择之一。在面对一件事情时，我们或者选择坦然面对，或者选择勇敢接受，或者选择以愤怒的态度进行消极的逃避。当我们把愤怒当成是一种习惯，我们的人生就会时常被愤怒的阴影笼罩。愤怒是后天性反应，是在人们遭受挫折或者打击之后，选择的应对方式。尤其是当看到现实与你的理想相差甚远时，你更容易陷入愤怒的旋涡无法自拔。

任何愤怒都不是无缘无故产生的。很多人之所以时常愤怒，是因为他们误以为愤怒能够解决问题。朋友们，要想远离愤怒，首先要认清楚愤怒的本质，它绝不是人类的本性，而是后天的选择。当我们发自内心地意识到愤怒的危害，而且心甘情愿地想要改正这个不良习惯时，我们就可以渐渐摆脱愤怒。当你不再因为愤怒而头昏脑涨，你自然会做出更加明智的处理和解决方案。

（1）越是在危急的时刻，我们越是应该远离愤怒，保持清醒和理智，这样才能竭尽所能地弥补一切，也尽量完满地解决问题。

（2）选择合适的方式发泄愤怒，诸如转移注意力，或者做些自己喜欢做的事情，总而言之，就是不要在怒火中烧的时候做决定。

（3）愤怒是非常复杂的情绪，当你感受到自己的愤怒时，不如按下情绪的暂停键，给自己更多的时间思考愤怒的原因，也许在几分钟之后，你就会觉得自己根本不值得为某件事情或者某个人大动肝火。

（4）学会合理表达自己的愤怒。当受到他人有心或者无意的伤害时，不要一味地掩饰和隐藏自己的愤怒，不然是很容易憋出内伤来的。做人虽然要谦虚低调，但是也要学会以恰到好处的方式维护自己的合法权利和利益，因而及时表达也是非常重要的。

坏情绪只会让事情更糟糕

人生是反复无常的，在人生路上，很多人都会遭遇意外，尤其是当那些灾难和困厄不期而至时，人们很难保持心平气和。此外，复杂的人际关系也使我们经常需要面对他人有心或者无心的过失，从而导致人生变得更加艰难和坎坷。在这种情况下，有相当一部分人会情不自禁地产生情绪波动，因为形形色色的烦恼大发脾气。但是，发脾气真的能够解决问题吗？相信大多数明智的朋友都知道，发脾气对于解决问题根本于事无补，有的时候，人们还会因为怒气冲冲，失去理智，使得事情的发展更加出人意料，更加糟糕。

没有人的一生会是一帆风顺的。大多数人的人生之路，既有平顺的坦途，也有曲折的小径。生活中，常常有积极乐观的人说，既然哭着也是一天，笑着也是一天，不如笑着度过人生中的每一天。的确如此，唯有拥有这么达观的人生态度，我们才能更加尽情拥抱人生，全新享受人生。毋庸置疑，愁眉苦脸无法避免人生逆境，反而会使人的命运更加困厄。既然活着，我们就要坦然接受人生的各种挑战，迎接人生的风风雨雨，这样才能最大限度地发挥人生的可能性，成就精彩完满的人生。

有很多人在面对人生困厄时，不知道如何应对，甚至会产生强烈的抵触心理。殊不知，人生的困厄必然存在，就像一年之中有春夏秋冬四季一样，是天经地义的。人有悲欢离合，月有阴晴圆缺，此事古难全。人生之中必然充满坎坷挫折和艰难困厄，自古以来就是如此，即便是富贵之人，也有不如意的时候，根本无法做到十全十美。

此外，从我们自身的角度而言，发脾气不但会扰乱我们的心绪，而且会很大程度上影响我们的身体健康，也会影响我们身边人的心情。这样一来，我们自身的坏情绪，必然导致我们的生存环境越来越恶化，还会使事情朝着糟糕的方向不断发展，最终变得糟糕至极。这样的结果，当然不是我们愿意看到的。因而朋友们，在遇到坎坷挫折以及诸多不如意时，与其抱怨，不如调整好自己的心态，让自己更加积极主动地面对人生，从而也圆满解决人生的诸多难题，超越人生中看似无法逾越的困境，最终成为人生的赢家。

假如不是因为坏脾气，小马也许现在早就已经成家立业，事业有成了。小马原本有个青梅竹马的女朋友，他们的父母是同事，住在同一个小区里，从穿开裆裤时就相识了，从小学到高中都是好朋友，直到大学，他们才去了相隔遥远的两个城市完成学业。

大学毕业后，他们相约回到家乡，原本终于团聚的他们已经开始筹划结婚的事情，却在短暂的相处之后，发现对方完全不是自己魂牵梦绕的那个人。也许是因为分开了整整四年，再见面，他们虽然亲密，但是却对对方感到很陌生。尤其是小马，再也不是那个看似腼腆的大男孩了，而是成为一个颇具大男子主义的男人。小马不管什么事情都要处于指挥和支配的地位的性格，让他的女朋友豆豆很难以接受。尤其是在商讨结婚的细节时，小马几乎搞起了一言堂，不但没有理解和体谅豆豆，反而不管什么事情都要自己说了算，导致豆豆夹在小马和自己的父母之间，左右为难，总是受夹板气。当豆豆向小马表达父母的意愿，希望小马家里能够为他们准备单独的婚房，这样避免他们婚后与公婆一起居住生活时，小马厌烦地大发脾气："你是想嫁给我吗？我看你就是想借着结婚的机会发财呢，要房子，要车子，你父母只是你的幌子而已。要是你真的想要嫁给我，你就不会处处都听你父母的。"看到小马歇斯底里的样子，豆豆委屈万分："我也已经和父母说了很多，一直都在做他们的工作。不过，我觉得我们结婚后独自生活是应该的，毕竟和老人在一起居住，容易有矛盾。咱们可以把房子买的离你爸妈和我爸妈家都近一些，这样也可以经常去看望他们。等到我们有钱了，也会孝顺他们的呀，你能不能先向你爸妈借钱把房子买了呢？"每次说起这个问题，小马总是不由分说就乱发脾气，最终豆豆忍无可忍，提出了分手。她对小马说："其实房子和车子都不是最重要的，但是我不希望在一辈子里，遇到任何问题都要忍受你的坏脾气，我需要的是能够为我撑起一片天空，或者是至少能够与我同心协力面对难题和解决难题的人。”

眼看着相处了十几年的女朋友就这样飞了，小马却还是气愤不已，觉得豆豆眼里和心里只有钱。殊不知，他不是败给了自己还不够成熟和完善的条件，而是败给了自己的坏脾气。归根结底，女人是用来捧在手心里疼爱的，尤其是现代社会男女平等，大男子主义的男人如果总是对自己的爱人发脾气，最终就会落个鸡飞蛋打的下场，悔不当初。

没有人愿意成为别人的出气筒，尤其是当彼此之间是夫妻关系时，长久的忍耐更是使人胆战心惊。实际上，坏脾气并没有我们想象中那么可怕。假如我们在生活和工作中能够有意识地控制自己的坏脾气，那么就可以避免像小马一样把好事情最终变成坏事请。聪明的朋友们一定要记住，任何时候坏脾气对于事情都没有好处，只会使事情变得更加糟糕。要想彻底解决问题，我们就必须保持冷静和理智，积极主动地解决问题。

发脾气的时候，人们会瞬间失去理智，导致冲动之下说出来的话和做出来的事情，都使人难以接受。任何情况下，越是对于自己亲近的人，越是不要肆无忌惮地去伤害。即便是再深厚的感情，如果总是不珍惜不爱惜，最终都会变淡，原本亲密友好的爱人也会变得形同陌路。既然哭着也是一天，笑着也是一天，那么聪明理智的你，一定要笑着度过人生的每一天。归根结底，人生苦短，我们只有快乐度过人生的每一天，才能让人生了无遗憾。

提高情商，提升情绪调控力

当你兢兢业业地工作却得不到老板赏识，也与升职、加薪擦肩而过时，你是选择忍气吞声还是据理力争，或者直接辞职走人？当你与爱人因为一些琐事吵起来，你是选择冷却情绪，还是坚决不让步呢？当你的孩子面对你的耐心教育依然调皮捣蛋、不听话时，你是暴跳如雷还是心平气和呢？你有什么样的情绪反应，决定了你会有什么样的生活。

生活就是这样，充满了各种麻烦和困扰。无论是生活还是工作，都是如此，面对那些烦恼，如果我们能保持积极的心态，那么，我们就能获得心理上的平衡，也就能想得开一点，心胸也必然会豁达，这样才能正确地对待和妥善处理好所面对的事情，工作就会因此变得很顺利，心情就会很舒畅。而如果自生自气，就容易陷入情绪的死胡同里，言行也必然会出现反常，有时甚至会因为一点小事而大闹一场，出口伤人，这样就会使人品大为降格，人际关系也会受到损坏。更有甚者，干脆连工作也不想干了。冷静地想一想，为了一点点小事，大发脾气是根本不值得的，到最后受伤害的还是自己。

的确，好心态是非常关键的，在遇到问题时，如果你能朝着积极正面的方向看，你就能拥有好心态；反过来，如果你做不到，你就要尝试着调整自己的心态。事情已经发生，你不能改变事态，但你可以改变自己的态度。如果你能够这样想，就会发现自己的心绪峰回路转、柳暗花明。任何问题都要一分为二地看待，换个角度，退一步就会海阔天空。有这样一则堪称“神奇”的故事：

曾经有一对年过四十的夫妻，他们在进行年度身体检查时，却发现自己换了绝症：妻子得了乳腺癌，丈夫患了严重的动脉血管疾病，医生坦言他们只剩下半年时间了。这简直犹如晴天霹雳，他们原本幸福的生活似乎一下子就被毁灭了。

然而，这对夫妻并没有就此在哀怨中生活，他们想了想，还有半年时间，足够他们完成这辈子最想做的事了——环球旅行。于是，他们卖掉了他们十年前才还清贷款的房子，很快就出发了。

在他们的旅行过程中，他们几乎忘记了生病这一回事，格外珍惜每一天，他们仿佛回到了二十年前他们刚结婚的时候，那时候，他们没钱、忙于工作、照顾孩子，但现在他们有机会了，看到他们甜蜜的样子，没有人会想到他们是一对生命即将结束的病人。

五个月后，他们的旅行结束了，按照规定，他们还需要做一次检查，但在看检查结果时，连医生都惊呆了，他发现二人的癌细胞已经消失，连丈夫的动脉血管阻塞也好了许多，这个结果让医生感到匪夷所思。

后来，医院就这一对夫妇的情况进行了研究，他们认为这是积极的情绪的作用。快乐使人脑内分泌一种安多芬，它会使体内的淋巴球增多，进而增强对抗癌细胞的能力，让人重新获得健康。

这简直是个奇迹！这一故事告诉人们，一个人心态上是积极还是消极，决定了其生活是光明还是灰暗。可见，当人生的不幸来临时，积极的心态是一个人战胜一切艰难困苦，走向成功的推进器。积极的心态，能够激发我们自身所有的聪明才智；而消极的心态，就像缠住昆虫翅膀、脚足的蛛网一样，会束缚人们的才华。

有人说，积极的心态能创造人生，积极的心态是成功的源泉，是生命的阳光和温暖；而消极的心态是失败的开始，是生命的无形杀手。所以我们一定要重视情绪的力量，请察觉每一个情绪背后的意义，它可能是死神的召唤，更可能是开启命运之门的钥匙。

积极健康的心态能使人具备一种良好的心境，拥有较好的人际关系，也能适应环境，尽己所能来改变环境，人格也得到健康发展。积极健康的阳光心态，可以让人沉稳而不浮躁，可以使人谦和而不张扬，可以令人更加自信、亲和。所谓和谐，并不仅仅是要努力达到人与人之间的和谐、人和自然之间的和谐，更要培养的是人内心的和谐。一个人要具备知足、感恩、乐观开朗的良好心理，拥有喜悦、乐观、积极向上的人生态度，个人内心的和谐能够促进整个社会的和谐。

塑造健康阳光的心态，可以让人建立起积极的价值观，从而拥有健康的人生，释放出自己强劲的影响力。如果一个人的内心是一团火，就会散发出光和热；如果内心是一块冰，就算是被融化以后，也还是缺少温暖。要温暖别人，你的内心就需要有温度；要照亮别人，就要先照亮自己；要照亮自己，就要先照亮自己的内心。那么，怎样才能照亮自己的内心呢？这就需要我们点亮自己心中的那盏灯，塑造一种阳光的心态。

良好的心态无论是对个人，还是对家庭、团队、社会，都能起到一种积极的影响作用。积极的心态要求一个人能够从正面来看待问题，乐观地来对待自己的人生，并且能够勇敢地接受各种挑战，以及应对各种麻烦。这些对一个人的为人处世是至关重要的。心态就是人们调控人生的控制塔，不同的心态会导致不同的人生，有时候人生之间会有天壤之别。一个人的心态是可以决定他的命运和成败的。因此，我们要通过后天不断的努力来修炼自己的心态。只有这样，才能成就事业、改变人生。

的确，人的心态是复杂多变的，从消极心态到积极心态是需要进行调整的，对我们要引导自身进行合理的调适，最后达到一种心平气和、积极向上的心理状态。人生在世，不如意事十之八九，许多事情都是不以人的意志为转移的。一个人要学会用阳光的心态去感受生活，更要学会放下、谅解、宽容和尊重。

丢掉思想包袱，走出患得患失的阴影

子曰："鄙夫可与事君也与哉？其未得之也，患不得之；既得之，患失之。苟患失之，无所不至矣。"意思是说："可以跟品质低下的人一起侍奉君主吗？当他没有得到的时候，虑患不能得到；当他得到以后，又虑患失去。如果虑患失去，那就没有什么事情做不出来了。"是啊，患得患失可谓是一大心理隐患，是人生的精神枷锁，是附在人身上的阴影。生活中出现阴影是因为我们挡住了人生的太阳。人生的太阳是什么？是理想，是追求，是热爱生活、拥抱生活。要铸就辉煌的人生，就必须砸碎精神的枷锁，丢掉思想包袱，走出患得患失的阴影。

因此，我们要阳光地面对人生，要坚信好的心态才能帮助我们走出患得患失的阴暗期。

很久之前有一位神射手，他的射技非常高超，可以说是达到了炉火纯青的地步，是一位难得的奇才，这个人叫后羿，这项本领让他的名字在民间受到了广泛的传颂。

渐渐地，名声就传到了夏王的耳朵里，夏王对后羿非常好奇，想亲眼目睹一下，于是想把后羿召入宫中，单独为自己演习一番。

有一天，后羿奉命来到宫中，在御花园里为夏王演习。夏王找了个开阔地带，叫人拿来了一块一尺见方、靶心直径大约一寸的兽皮箭靶，用手指着说："今天请先生来，是想请你展示一下您精湛的本领，这个箭靶就是你的目标。为了使这次表演不至于因为没有竞争而沉闷乏味，我来给你定个赏罚规则：如果射中了的话，我就赏赐给你黄金万两；如果射不中，那就要削减你一千户的封地。现在请先生开始吧。"

听完夏王的规定之后，后羿神情有些紧张，一句话也说不出来。他一步一步沉重地走到离箭靶一百步的地方，取出一支箭搭上弓弦，摆好姿势拉开弓开始瞄准。

此刻的他非常清楚，这一箭非同小可。越是重要，附加的条件越多，后羿的内心越是紧张，他的呼吸越来越急促，拉弓的手也微微发抖，瞄了几次都没有把箭射出去。后羿终于下定决心松开了弦，箭应声而出，“啪”地一下钉在离靶心足有几寸远的地方。后羿脸色一下子白了，他再次弯弓搭箭，精神却更加不集中了，射出的箭也偏得更加离谱。

收拾好了自己的东西之后，后羿尴尬地向夏王告辞，若有所思地离开了王宫。看着他的离开，夏王内心不仅感到非常失望，而且也很好奇为什么人们心中的神箭手今日的表现如此糟糕。为什么今天跟他定下了赏罚规则，他就大失水准了。

这时手下说：“往日里他射箭，只是普普通通的练习罢了，在一颗平常心之下他没什么压力。可是今天他射出的成绩直接关系到他的切身利益，叫他怎能静下心来充分施展技术呢？看来一个人只有真正把赏罚置之度外，才能成为当之无愧的神箭手啊！”

看完这个故事，我们应该明白了患得患失能给人带来巨大的危害，可以直接阻碍人们前进的道路。我们应当从后羿身上吸取教训，面对任何情况都应尽量保持平常心。

1.调整心态

心强大了，你的抗压能力才会强大，你才不会被一点小事搞得忧郁不堪。其实，烦恼的时候可以找一点你喜欢做的事来分散你的注意力，让你不要老想着有关得失的那件事情，比如你可以健身，听音乐，参加娱乐活动。有时候，可以向你的朋友倾诉你心中的苦闷，不要一个人在那苦恼，有时朋友的一席话能让你恍然大悟，能让你有豁然开朗的感觉。凡是不要太在乎，抱着平常心，相信自己，相信你的实力，你一定能够克服的。

2.知足常乐

如果一个人不懂知足，那么他是不会快乐的。我们不要总是攀比，为自己寻找不必要的苦恼，正确、乐观的比较应该是和自己比，把今天的自己和过去的自己比。只要努力且通过努力进步了，收获了，那你就是在不断地走向更好的自己。

别太计较，你的生活就会少一点忧郁

不计较一时的得与失，不在意暂时的成与败，这样的人生才会洒脱而又轻松。其实生活中，很多时候我们总是因为眼前的一点蝇头小利而心烦意乱，其实想想，这又何必呢？计较那么点滴的得失又能怎样呢？最终害得自己心情郁闷，烦躁不堪，实在是不值得。所以说，放宽心态，别太计较，那么你的生活就会少一点忧郁，多一点欢乐。

很久很久以前，有个青年总是让人感到反感，周围没几个人喜欢他，主要是因为他脾气特别不好，不知怎地就经常与人打起来，所以渐渐地他的朋友越来越少。

有一天，这个青年在路上溜达，不知不觉到了一个寺庙，正好里面的禅师在讲述佛法，他坐那里听了一会感到很后悔，于是决定重新改造自己，他对禅师说："师父!今后我再也不与别人打架斗殴了，即使人家把唾沫吐到我脸上，我也会忍耐地拭去，默默地承受!"

"是的，让唾沫慢慢地自己干了，不要去擦它!"禅师轻声说道。

这个青年听完，继续问道："如果拳头打过来，又该怎么办呢？"

"同样地，别太放心上，只不过一拳而已。"禅师微笑着答道。

那个年轻人实在无法忍耐了，便举起拳头朝禅师的头打去，继而问道："现在感觉怎么样呢？"

禅师丝毫没有生气的迹象，反而非常担心地问他："我的头硬如石头，可能你的手倒是打痛了!"

青年无言以对，似乎对禅师言行有所领悟。

禅师这种心境已经达到了一定的高度，或许常人是无法达到的。可是生活在这个世界上，宽容的心对于我们来说真是不可或缺的。一个人如果气量狭小，遇事斤斤计较，那么在生活中就会处处碰壁，烦恼无限。假如你能以实际行动去理解、包容别人，那么你也会得到别人的理解和包容的。

阿凯是一个画家，而且是一个非常优秀的画家。他喜欢画快乐的世界，因为他自己就是一个非常快乐的人。不过没人买阿凯的画，因此，他想起来会有些伤感，但只是一会儿就过去了。“玩玩足球彩票吧!”他的朋友劝他，“只花2元钱就可以赢很多钱。”于是阿凯花2元钱买了一张彩票，并真的中了彩!他赚了500万元。

“你瞧!”他的朋友对他说，“你多走运啊!现在你还经常画画吗？”

“我现在就只画支票上的数字!”阿凯笑道。

阿凯用中彩的钱买了一幢别墅，并进行了一番豪华装饰。他很有品位，买了很多东西：阿富汗地毯，维也纳柜橱，佛罗伦萨小桌，迈森瓷器，还有古老的威尼斯吊灯。

此刻的阿凯感到很满足，他坐在沙发上，点起了一支香烟，在这美好的环境里感受着这突如其来的幸福。突然，他感到很孤单，便想去看看朋友。他把烟蒂往地上一扔——在原来那个石头画室里他经常这样做，然后他就出去了。燃着的香烟静静地躺在地上，躺在华丽的地毯上……一个小时后，别墅变成了火海，被完全烧毁了。

朋友们很快知道了这个消息，都来安慰阿凯。

“阿凯，你真是不幸啊!”他们说。

“为什么这么说呢？”他问道。

“损失啊!阿凯你现在什么都没有了。”朋友们说。

“什么呀？不过是损失了2元钱。”阿凯答道。

是啊，本来也是意外来财，如果阿凯像朋友说得那样感觉难过和抑郁，那么他就不会是一个快乐的人了。

总之，人生就是不断地失去，不断地得到，有失必有得，我们都应该看开。所以说，面对生活的得失与成败，我们不要总是积郁于心，不能自拔。我们要放宽自己的心态，远离抑郁，做一个宽容不计较的人。

有人说：“生容易，活容易，生活不容易。”的确，生活中有太多的无奈，有各种各样的烦恼，有这样那样的忧愁，有看得见看不见的困难……人一生中总会遇到许多不顺心、不如意的事情，如果每一件事你都斤斤计较，那么不但活得很累，也很难获得快乐。

我们生活中的任何一个人，从进入社会的那一刻起，就要学会如何做人、做事，凡事都要多思考，懂进退。事实上，要想成功，一味地努力是不够的，还需要运用思维的力量，灵活变通，懂得跳出思维的框框，懂得顺势而为，只有这样，你才能避免走很多弯路，只有这样，你才能在追求成功的道路上走得一帆风顺。

与时俱进，别让思维僵化

生活中，我们常听他人说“与时俱进”这一词，也就是说，我们在做人做事时，要懂得变通，毕竟我们所生活的社会每天都在变化，守旧的思维模式只能让我们被时代抛弃。事实上，自古以来，人类能一直延续，就是因为能做到与时俱进，实现思维的创新，可以说，人类如果固步自封，就只会停滞不前。作为个体，能不能做到思维上的与时俱进，直接关系到一个人的事业成败，因为只有创新才能激活自己全身的能量。

生活中，只要我们能开发大脑，运用想象力，跳出思维的框框，就能发现发现思维的另一个高度，就会得出异乎寻常的答案。

我们若想做到与时俱进，就要懂得变通，所谓变通，顾名思义，就是以改变自己为途径，通向成功。哲学家说：“你改变不了过去，但你可以改变现在；你想要改变环境，就必须改变自己。”文学家讲：“明智的人使自己适应世界，而不明智的人坚持要世界适应自己。”我们每天面对层出不穷的矛盾和变化，是刻舟求剑不懂变通，还是采取灵活机动的变通方式应万变，这是我们需要确立的一种做人做事的心态。

在漫长的人生旅途中，每一个人不能不面对变化，不能不面对选择。学会变通，不仅是做人之诀窍，也是做事之诀窍。那么，我们该如何提高自己的思维变通能力呢？

首先要学会审视度势，打破常规。那如何审视度势呢？一是要有一个良好的心态，这种心态可以概括为两个字：静与空。静就是冷静和宁静，达到一种平心静气，心平气和的状态；空就是无私而无欲，达到内心的空明澄静。宋代大文学家苏东坡有两句关于静与空名诗：“静故撩群动，空故纳万景。”意思就是说，一个人只有在内心宁静之后，才能接纳外面的景色。在现实中我们内心一定达到“空”与“静”的状态。如果心浮气躁，我们就看不清事物的本来面目，从而主观行事，一错在错；如果心平气和，就能认清事物的本来面目，从而万事得理，一顺百顺。二是要学会换位思考。香港著名企业家李嘉诚是一位擅长换位思考的人，他有一句名言：“与人合作，你能分到十分，你最好只拿八分或七分，这样你就会有下次合作。”三是要打破常规，我国有句成语叫作茧自缚，就是说习惯按所谓既定的规则行动，不敢越雷池一步，其结果就是困死自己，而一事无成。

其次，要有勇气应对变化，勇气的作用就是调动起自己全部的能力去迎接变化和挑战。一个人想学会变通，必须要鼓起勇气，勇气是人的一种非凡力量，它虽然不能具体地去处理某一个问题，克服某一种困难，但这种精神和心态却能唤醒你心中的潜能，帮助你应对一切变化和困难。

再次，要有信心开发潜能，所谓信心，就是一种心态潜能。如果你是一个充满信心的人，有信心克服困难，有信心获得成功，那么，你身上的一切能力都会为你的信心去努力，你也就有可能成为你希望成为的那样；反之，如果你缺乏信心去努力，总以为自己没有能力去做这一切，那么，你的一切能力也就会随之沉寂，你自然就会成为一个没有能力的人。

最后，要善于改变自己的思维定势。人的思维中常常有两大定势：一是直线型，不会拐弯抹角，不会逆向思维和发散思维；二是复制型思维，常以过去的经验为参照，不容易接受新鲜事物。西方有一句谚语："上帝向你关上一道门，就会在别处给你打开一扇窗。"诗人陆游有诗云："山重水复疑无路，柳暗花明又一村。"只要我们不拒绝变化，并且善于改变自己的思维习惯，善于改变自己的观念，我们就能走出困境，进入我们的新天地。

实践证明，不管你是觉察到还是没有觉察到，不管你是愿意还是不愿意，每个人时时刻刻都在面对变化，有所不同的是，善于变通的人越变越好，而不善于变通的人却是越变越差。我们只要掌握了变通之道，就会应对各种变化，在变化中寻找到机会，在变化中取得成功。

思维一变，人生就有可能改变

一个人的想法比知识更重要。一个人想在事业上取得一定的成就，光靠一些老想法、老套路是很难成功的。当你站在一条已经有无数人走过的路上，遥望着难以企及的成功目标时，你应该早点觉悟，转变想法去寻找另一条更近更省力的新路，而不要倔强固执地在这条困难重重的老路上浪费时间。

有人经常说："我忙得没有时间去想。"然而，就是"没时间去想"这五个字，却成为成功与失败的分水岭。平庸的人只知道"埋头拉车"，而成功的人却能"低头去想"，为事情的解决想出最好的方法。其实，李嘉诚的成就在开始时都不过只是一个想法罢了。

方法从根本上讲，是"想"出来的。只有敢"想"，会

“想”的人，才会成为成功者的候选人。想成为成功者，就应该善于转换想法，把别人难以做成的事做成，把自己本来做不成的做成。当别人失败时，你如果可以从他人的失败中总结经验，得出正确的想法，并付诸行动，你就可能成功。当你自己失败了，如果你能够吸取教训，把思想转换到新的正确的想法上，再付诸行动，你同样可以获得成功。

其实，在这个时候最需要做的，应该是改变自己的想法，哪怕只是很小的一个改变，也可能起到很好的效果。而在许多人生的转折点，一旦能调整思路，换个想法，也许就可以看到许多别样的人生风景，甚至可以创造出人生的奇迹。

如果一个人的想法老停留在某一个点上，他就永远无法开拓自己的视野和思路。你应该将眼光放远，产生一些新的想法。当然，你在想象的同时，应该把焦点指向一个全新的目标。否则，极容易将自己的思路陷入空想和妄想之中，这样也会阻碍你创造力的发展。

人活一世，生存环境不断变化，各种事情接踵而来，因循守旧是无论如何都行不通的。生活中有一些人总是失败，就是因为他们按图索骥，过于墨守成规，从而把自己的道路堵死，结果导致自己寸步难行。其实一些旧想法、旧规矩都是可以打破的，只要我们做事灵活而不失原则，就能跟上时代的变迁和社会的发展。

1.敢想敢尝试

对于敢“想”、会“想”的人来说，这个世界上不存在困难，只存在着暂时还没想到的方法，然而方法终究是会想出来的。所以，会转换想法的人只有一个归宿，那就是成功。

2.命运因想法的改变而改变

想法是大脑的活动，人的一切行为都受它的指导和支配。想法虽然看不见、摸不到，但它真实地存在着。有什么样的想法，就会有什么样的命运。如果你的想法和自信、成功、乐观联系在一起，那么你会有一个圆满的人生；如果你总是想到自卑、失败、忧愁，那么你的命运也不会好到哪里去。

人们总是很容易陷入到固有的思维模式里去，有时候明明知道某种想法对解决问题没有很好的效果，却非得按照常规去做，结果白白地耗费了时间和精力。人一旦形成了习惯的思维定式，就会习惯地顺着固有思维思考问题，不愿也不会转个方向、换个角度想问题。很多人都有这样的愚顽的“难治之症”，所以走不出宿命般的可悲结局。

思维的高度，决定了你人生的高度

很多时候，突破常规思维，从另外的角度进行思考，往往能够柳暗花明见新天。这种情况在日常生活和工作中有很多，由于这种思维方式灵活多变，能出奇制胜，所以往往能取得意想不到的成功。

对于一个本质相同的问题，从两种不同的角度去看，会得到截然相反的答案。所以，当我们做事时，不妨选择一个好的角度。遇到难以解决的问题时，有的人会选择放弃，有的人会选择不达目的不罢休，而有的人会改变思路，寻找解决问题的新角度，毫无疑问，最后一种人最有可能解决问题，并有大的收获。

有时成功只在于一个观念的转变。换个思路，变个想法，你往往会取得意想不到的奇妙效果。“如果有个柠檬，就做柠檬水。”这是一位聪明人的做法，而傻子的做法正好相反。如果他发现生命给他的只是个柠檬，他就会沮丧，自暴自弃地说：“我完了，我的命运真悲惨，连一点发达的机会也没有，命中注定只有个柠檬。”然后，他就开始诅咒这个世界，一辈子让自己沉浸在悲伤当中，毫无作为。但是，当聪明的人拿到一个柠檬的时候，他就会说：“从这件不幸的事情中，我可以学到什么呢?我怎样才能改变我的命运，把这个柠檬做成一杯蜂蜜柠檬水?”

换一个角度，就换了一种思维，就打破了自己的习惯思维和固有思维，这样，必然会有不一样的结局出现。在现实的生活中，人们解决问题时，时常会遇到瓶颈，这是人们只从同一角度思考造成的，如果能换一换视角，情况就会有所改观，就会出现新的变化与可能。

长期以来，许多人习惯于传统的思维方式，喜欢“照葫芦画瓢”，看到别人怎么做就马上跟着怎么做，从来没有自己的思维，从来不考虑要靠自己想出新的角度。这种人的人生是注定不会有很大的成就。

1.用思维改变内在

因为思维是改变自我的内在基础，好方法是解决问题的必要工具。只有运用头脑，积极思考，转换思路，不断开拓出新的做事方法，你才能够在社会中发现、创造更多的机会，实现自己的目标，改变自己的生活。

2.创新思维可以解决问题

寻找解决问题的新角度本身就是一种创新，一种改变，很多时候就是这么看似不起眼的一步，就可能令局面大为改观，让我们看到一片新天地。所以，请记住：换个角度做事，你也许就能够把失败变为成功。

3.转换思路，改变视角

在处理事情的过程中，没有绝对解决不了的难题。有的人之所以陷入僵局，只是因为按部就班，没有更换角度。在这个世界上，从来没有绝对的失败，有时只需稍微调整一下思路，转变一下视角，失败就有可能向成功转化。

成大事者在遇到难题时善于换位思考，即从另外一个角度重新审视自己和环境，以便找到新的人生机遇和突破点。这就是说，换位思考是成功者的手段之一。很多人不敢创新，或者说不愿意创新，是因为他们头脑中关于价值判断的标准已经固定，这使他们常常不能换一个角度想问题。

审视自己，释放自我意识

叔本华说："每个人都被幽禁在自我意识里。"那么，人们对自己其实知之甚少。你了解你自己吗？人们对于了解自己，好像并不如想象中那么成功，人们似乎也不那么热衷于了解自己，他们更多地是想办法了解别人。事实上，知人始于知己，如果想了解别人，首先必须了解自己。大部分的时间，我们对自己的了解，通常来自于旁人的一知半解或评价，我们无法时刻地反省自己，看清自己，也无法把自己放在局外人的位置来进行观察。

认识自己，一直是哲学界久攻不下的难题。早在两千多年前，古希腊人就将这几个字刻在了阿波罗神庙的门柱上。几千年过去了，人们也无不遗憾地表示：我还不够了解自己，认识自己似乎还有很长的一段距离。真正地认识自己，除了通过外界采集足够多的信息，还可以时时审视自己，只有这样，我们所了解的自己才足够全面和真实。

其实谁也不能做你的镜子，只有自己才是自己的镜子，拿别人做镜子，白痴或许会把自己照成天才。现实生活中，人们无法了解到真实的自我，大部分原因在于他们容易受外界信息的影响。此外，人们的自我认知往往受到别人言行、外界信息暗示的影响，这样的结果是人们会出现自我知觉的偏差，好像看见别人很脏，似乎自己也很脏。如果一个人想要真正了解自己，就需要让自己成为自己的镜子，而不是陷入别人的眼光中。

为什么算命先生的话总能让你觉得十分灵验？为什么星座、血型的解说总能让人对号入座？当人们对自己无法真正了解的时候，他们常常借助于算命、血型、星座，希望能够更好地了解自己，这时他们的情绪往往是迫切的，内心的安全感也会受到影响。这时其心理的依赖性将大大增强，很容易受他人言语的暗示。所以，当算命先生颇有介是地说出一番话，人们很容易对号入座，这就是一种心理倾向。人们了解自己，需要通过正常的途径，收集身边人对自己的评价信息，时时审视自己这样才能更全面地了解自己，从而对自己做出准确的评价。

我们应该学会打开禁锢的自我意识，不要因为自己有缺陷或者自己认为那是缺陷，就通过自己的方法将缺陷掩盖起来，而这样的掩盖方式极其愚蠢。试想，当你把自己的眼睛蒙上时，你就真的掩盖了自己的缺陷了吗？因此，无论对于自身的缺陷还是优点，我们都应该正确看待，因为面对自己是认识自己的必经之路。

学会独立思考，做事才能成功

格雷厄姆曾说："想在华尔街成功必须具备两个条件。第一，正确思考；第二，独立思考。"而其高足巴菲特避开股市大众恐惧和贪婪传染病的关键点，就在于他从小到大都喜欢独立思考。只有独立思考，做事才能成功。

巴菲特在大学时十分害羞，见了女生，他比女生还害羞。同时，他也不愿意参加酒会，因为他本来就讨厌喝酒，只能看着男生狂饮，自己不喝酒却要帮他们支付酒钱，而且还得应付那些喝醉了的人。

有一天晚上，巴菲特参加酒会回来，对室友彼得森说："酒会很没意思，还不如待在宿舍里唱歌呢。"彼得森说："兄弟，你知道宾夕法尼亚大学最热门的体育赛事是什么吗？"巴菲特摇摇头，彼得森说："告诉你，是赛艇。在咱学校旁边的斯库基尔河上，每年一度的赛艇大赛是学校最轰动的比赛，取得冠军的队员，会有无数女生来追。你人很瘦，体重轻，但你练过举重，上肢力量特别大，最适合赛艇了。"巴菲特一听，立即报名参加了一年级新生的金星赛艇俱乐部。

赛艇有非常强的重复性和节奏性，不过一个最大的特点是，赛艇是一个团队性运动。乒乓球、高尔夫、举重，则是一个与竞争对手比赛，不需要其他人的配合，而赛艇十分讲究团队配合整齐一致。巴菲特从小就是一个独行侠，喜欢独来独往。他不愿意和别人配合，更愿意别人配合他，他要充当一个领导者，宁为鸡首，不为牛后。虽然巴菲特每天下午下课后都要花上两个小时练习，两条胳膊累得发肿，两只手上磨得都是血泡，两条腿胀得走不动路，浑身是汗，回到宿舍，连去吃晚饭的力气都没有了，但他的技术依旧没有提升。过了两个星期，巴菲特实在坚持不下去了，宣布退出赛艇队。他发现自己的长处并不在此，从这之后，他再也没有轻信过他人的建议。

对于任何投资者来说，学会独立思考都是最重要的。曾经有人问巴菲特：出现问题的时候，你去请教什么人？巴菲特回答说："投资成功一定源于思想层面的深刻领悟。所以当真正出现问题的时候，只有对着镜子说话。"这表示，真正的投资者是有具十分强的独立思考能力的人，他们必须通过自己的思考去最终解决问题。

在决定什么东西是对，什么东西是错的时候，必须依靠自己的独立思考去做判断。假如我们每个人都能依靠自己的独立思考去做判断，那么这个世界将会变得更美好。即便我们的想法相同，做出的判断也不一定一致。

其实，任何事情都有两面性，你可以主动寻找与自己观点不一致的例子。举个例子，在人生的十字路口，一份高薪职位摆在面前，究竟是去还是不去？一般情况下，你会想人往高处走，自然会选择更上一层楼。假如你尝试着说"不去"，把个人职业规划放在第一位，这样你一样可以说服自己。

很多人每天习惯了七点起床，九点上班，上相同的网站，吃相同的食物，与相同的人说话，重复着公式化的工作与生活。在生活中，一些人习惯了这样简单而重复的日子，因为这样可以带来安全感。不过，假如你想要独立思考，你就需要跳出所习惯的生活圈子。

当人生遭遇困境，不妨跳出去，做个真正的旁观者。这时，我们才发现自己的第三只眼睛可以赋予自己这样一种自由；作为旁观者的冷静会带给自己一种思考自我的平和状态，静静地思考，可以帮助我们更好地去想如何解决问题。

假如你想理发，就不要问理发师你需不需要理发。当有人想让你采纳他们的意见时，告诫他们："用我的头脑加上你们的钱，做得更好。"你必须学会独立思考。

人的一生，须臾即逝，我们都渴望一帆风顺，但这只是我们的美好愿望，更多的时候，我们会遭遇坎坷和挫折，也会受到冷落的待遇。这就像是大海中的波涛一样，既有波峰，也有波谷，但无论如何，只要我们内心强大，直面困难，勇敢克服，时刻保持内心的淡定从容，那么，一切困难就都会解决。

正面面对问题，直到彻底解决

在人生的漫长旅程中，很多人都难以避免遇到诸多难题，这些难题或者是可以预见的，或者是毫无征兆突然发生的。毫无疑问，对于能够预见的难题，我们尚且可以采取一定的方式方法进行预防，可是那些毫无征兆突然发生的难题，往往会很让人抓狂。在这种情况下，有些朋友会选择逃避，总觉得只要不去正视问题的存在，就能降低问题的难度，甚至是使问题自动消失。殊不知，不去正视问题根本不能解决问题，而且逃避也是暂时的。归根结底，我们必须正面面对一切问题，直到彻底解决问题。既然如此，短暂的逃避除了自欺欺人之外，毫无用处。面对问题，与其逃避，不如鼓起勇气努力解决，这样才能使一切难题都迎刃而解。

人的思维是非常复杂的，很多时候，我们对于非常简单的事情都绕不过来弯子，也有很多时候，我们对于那些复杂的难题却一点即通。归根结底，思维的缓慢发展局限了人们的不断进步。诸如，人们早在公元前2000年就发明了冰淇淋，可足足过去了3900年，蛋卷冰淇淋才正式问世。再如，地球上有史以来就有供给人们食用的动物，而且公元前2600年前，人们就已经掌握了烤制面包的技巧。然而，足足过去四千多年，世界上才有了把肉类与面包综合起来食用的三明治。不得不说，人类的智慧是非常伟大的，但是往往也存在巨大的局限性。

现代社会发展速度非常快，但是依然有很多事情被人们孤立，导致做事的效率非常低下。倘若人们能够打开思维，按照发散性思维，把那些事情综合起来作为整体进行考虑，就能够起到事半功倍的效果。不得不说，人的思维还有巨大的发展空间，也是值得人们用心思考和不断探索的。

尤其是在现代职场上，很多大学毕业生即使刚刚毕业，知识就已经处于落伍的状态，因而进入工作单位后不但要积累工作经验，也要提升自己的工作技能，从而导致压力倍增。还有一些经验丰富的老职员，因为知识更新换代的速度很快，所以也必须不断学习，不断充实自己。在这种情况下，他们在工作上也必然面临更多的挑战。逃避必然不能解决问题，唯有采取积极主动的态度，正面面对问题，积极解决问题，才能获得圆满的结果。

当然，职场中也不乏当一天和尚撞一天钟的职员。他们为了保住饭碗，总是疲于应付上司的安排和命令。对于工作，他们完全抱着敷衍了事的心态，因而根本不可能有所作为，也不可能有所成就。殊不知，上司的眼睛也是雪亮的。对于积极工作的员工，他们会看到努力和成绩；对于混日子的员工，他们也会看到敷衍。从本质上来说，工作既不是消极怠工，也不是敷衍了事，而是解决形形色色的问题。如果一个员工在工作上没有遇到任何问题，那也就意味着他毫无进步。只有不断面对问题和解决问题的员工，才能飞速成长，也才能不断进步和进取。要知道，每一个问题都是一位老师，每当你解决一个问题，你也就超越了一位老师，因而理所当然能够借此进行自我提升和完善。

细心的人会发现，在职场上，最优秀的员工往往最善于发现问题，并积极开动脑筋，努力解决问题。他们不但被动地解决问题，而且会积极地发现问题，他们知道唯有踩着问题的阶梯攀登，人生才能不断进步，也才能越来越接近成功。

作为曾经闻名中国的烟草大王，褚时健一手发展了玉溪卷烟厂，使其从一个默默无闻、濒临倒闭的小厂子，发展成为举世闻名的烟草帝国。1999年，褚时健因为经济问题以72岁的高龄锒铛入狱，直到2002年才得到保外就医。这个已经75岁的老人绝不服输，而是承包了荒山，开始种橙子。光阴荏苒，八年之后，他创立了云冠牌冰糖橙，以83岁高龄再次成就了人生的奇迹。没有人知道他在这八年中吃了多少苦，更没有人知道他是如何一步一步在荒山野岭上走到今天的。只有他自己知道，在这八年的时间里，他多少次面对问题，多少次绞尽脑汁、想方设法地解决问题，直到成为橙子专家，他面对的问题依然接踵不断。他很清楚，正是这些接连暴露的或大或小的问题，成就了今天的他。

朋友们，人生路漫漫，总有无数个问题等待着我们去解决。戒骄戒躁，把解决问题当成是提升自己的最好方式吧，你一定会发现你的收获变得更多，你的成长也更加迅速。

（1）坦然接受面对人生中接连不断的问题，我们首先应该意识到人生的本质就是解决一个又一个问题的过程。当把这些问题看成是人生必备的要素，我们也就能够坦然面对问题，从容迎接人生。

（2）坚强是人生的脊梁。面对人生的重重磨难，我们唯有坚强，才能成功地战胜困难，接受磨难，让自己凤凰涅槃，赢得人生的无数次挑战。正如海明威笔下的《老人与海》中桑迪亚哥老人所说的，一个人尽可以被打倒，就是不会被打败。

（3）以坦然之心面对生活。毋庸置疑，面对生活中的诸多问题，解决的结果未必每次都是好的。当问题的解决不尽如人意时，我们既要能够坦然面对人生，也要能够从容应付人生。

做足准备，防患于未然

诸葛亮在《后出师表》里陈述了一切事情的难以预料性：“天下的事情是很难评论断定的。从前先帝在楚地打了败仗，在这时，曹操拍手称快，认为天下已被他平定了。以后先帝东边联合吴越，西边攻取巴蜀，发兵向北征讨，夏侯渊就被杀掉了，这是曹操未曾想到的，而复兴汉朝的大业将要成功了。后来东吴改变态度，违背了盟约，关羽兵败被杀，先帝又在秭归失误，曹丕称帝，所有的事情都像这样，很难预料。”所谓人无远虑，必有近忧，当一件事情尚未发生的时候，我们就需要做好详尽的准备。

当过兵的人，都知道军营里有一句耳熟能详的话：“不打无准备之仗。”简单地说，要想取得战斗的胜利，就必须作好充分的准备，如果准备不充分，打起仗来十有八九是要吃亏的。商业谈判也不例外，每一次谈判都需要周密部署，精心准备，这样，心中有了详细的筹划，才能说明谈判对手。当然，要打有准备的仗，首先不能急于求成，如果什么都没有准备，就冒然拜访客户，那么，这一场仗绝对会输。因此，这种谋略的精髓就是“战前做好准备工作，战中出手要快”，出手就能制胜才是关键。作为职场人员来说，这确实是不得不学的谋略之术，要记住，与每一位客户的谈判都是一场战役，如果你要想赢得这场战役，就必须做好准备，诸如了解对方的详细资料、背景、产品，等等，正所谓“知己知彼，方能百战不殆”。

诚然，职场比不上硝烟弥漫的战场，但是，曾国藩所崇尚的“不打无准备之仗”同样适合于职场。它启示我们：凡事需要谋划，有准备才能有胜利的把握。无论是向上司进谏，还是与客户谈判，都需要我们做一定的准备，否则就会失败。哪怕是请求上司加薪这样的小事情，也不能冒冒失失就提出，在提出请求之前，需要我们考虑措词、语气、语言表达，等等，各方面都需要考量，否则，有可能一句话不对，上司就拒绝了你的加薪请求。

王先生是一家乳制品公司的经理，最近，为了让公司产品上市，他每天都往返于各个超市，希望能在市场中占据一席之地。

这天，王先生和助手终于见到了超市里负责乳品的麦先生。事前，他了解到这是一位傲气而冷漠的先生，果然，麦先生本身与了解到的情况一样。按照事先的约定，先由助手跟麦先生谈，可是，不到十分钟，谈话就有了结束的趋势。麦先生面有难色：“现在的排面很紧张，你们的产品虽然看上去不错，但现在竞争也很激烈，能不能卖好很难说……”说完，麦先生就要起身了，他说了一句：“这样吧，你先把资料和样品放下，过后我再看看。”

其实，助手在与麦先生谈话的时候，王先生一直在旁边静静地观察，再结合他事先了解到的情况，对策已经在脑海中形成了。就在麦先生快要起身送客的时候，王先生开口了：“麦先生，我能不能跟你谈一下。”或许，见了太多的老板，麦先生几乎无动于衷，显得很不耐烦，王先生说：“我只耽误你几分钟，如果几分钟内你对我的话不敢兴趣，那我们自己走人。”麦先生愣了一下，王先生趁热打铁：“我听说麦先生在专业上很有造诣，我只是想跟你交流一下，你不会拒绝我吧？”麦先生脸上露出了笑容，说道：“好吧，好吧！”

王先生继续说：“麦先生，据我所知，本市的乳制品虽然品种很多，但在包装、质量、口感上能上点档次的产品没有几个，你同意吗？”麦先生点点头：“是这种情况！”王先生说道：“我想，贵超市也希望在这一类产品中能有一个好产品，一方面，可以吸引顾客，另一方面，也是你的业绩嘛！”就这样，两人攀谈了起来，后来，在王先生的建议下，麦先生亲自尝了王先生带来的部分酸奶。届时，谈判已经取得了大部分的胜利。

对此，王先生这样总结此次的谈判：“俗话说，不打无准备之仗，在事前做好充分的准备，再在谈判中，出奇招制胜。”事实上就是如此，如果你事前不做好准备工作，临到与对方沟通的时候，你就很容易吃亏，任凭你耗尽口舌，对方就是不同意，你之前的努力就化为了乌有。

在每一次做事之前，一定要做好充分准备，也就是所谓的“不打无准备之仗”，明确自己的目的，清楚想要达到什么样的结果，因为只有确定了目标，才能把一切因素尽量往有利于自己的方向转化。

接纳既定事实，是走出痛苦的前提

虽然我们总是把“一帆风顺”“万事如意”等美好的祝福语挂在嘴边，但是我们真的很难拥有顺风顺水的人生。大多数人都必然要经历坎坷和挫折，最终才能守得云开见月明。也不排除有些人始终磕磕绊绊，遭遇苦难几乎已经成为生活的常态。在这种情况下，我们应该一味地逃避现实，祈祷顺遂的人生到来？还是勇敢地面对和接受现实呢？大部分人都会选择前一种做法，但是真正正确的做法却是后者。

命运的力量是强大的，尽管我们经常说要成为命运的主宰，但却首先应该掌握与命运的相处之道。如果你硬要和命运较劲，命运让你往东，你偏偏要往西，在此过程中还不停地自欺欺人，那么你一定会被命运更加残酷地纠缠，直到你筋疲力尽彻底屈服为止。我们的确要改变命运，成为命运的主宰，但是这么做的前提是接受和顺应命运，从而找到与命运的最佳相处方式。如果你总是不能接受现实，那么你一定会被痛苦纠缠住，甚至为此寝食难安，焦虑不已。相反，当你接受现实，坦然面对命运的安排，再心平气和地寻找征服命运的最好方式时，成功的几率则会提高很多。

最近，人到中年的马霞患上了失眠。也许是因为思念远去外地读大学的女儿，也许是因为惦记着工作上的评优，也许是因为失去了最爱她的母亲，总而言之，她的身体各个方面都不对劲了，心情也非常低落。

从最开始的必须凌晨两三点极度困倦才能入睡，到后来的彻夜难眠，马霞终于在老公的劝说下去看心理医生。在得知马霞的症状后，心理医生说："你不要排斥失眠。你失眠的时候不要躺着数山羊，更不要心急如焚地想要入睡。你可以起床看看书，或者做点儿什么事情，等到困倦的时候再睡。"马霞惊讶地问："看看书或者做做事，岂不是更加睡意全无了么！"心理医生笑着说："是啊，反正你本来也睡不着，睡意全无又有什么关系呢！你不要与自己的身体对抗，只有你接纳和包容身体的各种反应，它才会恢复平静，变得顺服。"虽然觉得心理医生说的话没有十足的道理，但是备受失眠煎熬、寝食不安的马霞，还是决定试一试。

当天晚上，再次瞪着眼睛无法入睡的马霞没有强迫自己闭目养神，因为无数次经验证实那样只会让脑细胞更活跃。她按照心理医生说的，拿起一本书看了起来，直到晨光出现，她才因为不停地打哈欠停止看书，开始睡眠。果不其然，她只花了几分钟时间就顺利入睡了。有了这次成功的经验之后，马霞再也不逢人便说自己失眠了。她把失眠当成了理所当然的事情，认定自己原本就该凌晨入睡。如此一段时间之后，马霞的失眠症状消失了，她也不再焦虑不安了。

因为马霞接受了失眠，所以她的失眠不治而愈了。其实，很多人的失眠之所以日益严重，就是因为他们从心底里排斥和抵触失眠，因而也就更加烦躁不安，焦虑不已。如果能够像拥抱自己的兴趣爱好一样拥抱失眠，那么他们就不会为此焦虑不安，也就能够成功减弱自身的症状。

不管是对于失眠，还是我们身体的其他症状，亦或是我们的生活中出现的很多困境，我们都只有坦然接受，勇敢面对，才能找到与它们之间最好的相处办法，从而了解它们，找到最佳的解决办法。既然痛苦不会因为我们的焦虑而减轻分毫，那么我们完全有理由拥抱痛苦，从而最大限度地与痛苦和谐共生，直到彻底消除痛苦。

当你把痛苦变成心尖上的刺，痛苦就会不停地扎痛你、刺穿你。当你拥抱痛苦，将其变为自己的一部分，它就再也无法伤害你。哭着也是一天，笑着也是一天，痛苦从来不会因为你的糟糕感受而消失，反而会因为你的愉快和幸福而退缩在角落里，直至烟消云散。既然如此，就让我们用宽容博大的胸怀和充满爱的心灵，消融痛苦吧。

常常自省，但不要被错误束缚

我们都知道，人无完人，每个人都难免会犯错，但人也有懂得改错的优点，人们在犯过一次错误后，多半都能从中吸取教训，找到错误的根源，从而避免再犯。因此，在错误面前，你大可不必自责，而应该学会总结经验教训。这就如同人们说的："不要为打翻的牛奶而哭泣。"你要明白的是，反思可以让你成长，但后悔无济于事。你需要做的就是，不断反思自己的过失，在反思中行进。

现实生活中的人们经常会遇到这样的情况：某次团队合作中，因为你的疏忽而影响了整个团队的成绩，对此，你肯定很懊恼，但懊恼又有何用？不停地抱怨，不断地自责，你只会将自己的心境弄得越来越糟。尘世之间，变数太多。事情一旦发生，就绝非一个人的心境所能改变。伤神无济于事，郁闷无济于事，一门心思朝着目标走，才是最好的选择。相反，如果跌倒了就不敢爬起来，就不敢继续向前走，或者就此决定放弃，那么你将永远止步不前。

泰戈尔说过："如果你因错过太阳而流泪，那么你也将错过群星。"的确，人生如变幻莫测的天空，刚才还晴空万里，转眼间便可能阴云密布、倾盆大雨。但这些都是上一秒发生的事，人要向前看，不管过去多么悲伤失意，过去的总归过去，只有向前看，人生才会有希望。我们都应该记住泰戈尔的这句话，并把它作为鼓励自己的一句座右铭。年轻就是资本，无论昨天的你失去了什么，做错了什么，那都已经成为过去，你要做的是向前看，努力过好现在，充实自己，只有这样，你才会发现，你的前方就是一片群星。

的确，人生就如同变化的四季一样，有春夏秋冬的更替，才有不同的风景，不同的感受，因此，对于某个季节的美丽风景，就不要再牵挂。走过了，也就是那一面之缘。那路过的风景，只是为了丰富你人生的经历。对于人生的风雨坎坷，保持一颗乐观的心吧。那样，每天都会有个好心情，每天都是灿烂的一天。

当然，在你犯错之后，总会心情不佳，为了化失败为动力，你可以采取以下方法：

（1）仔细分析现状，找到自己的问题，不要怪罪于任何人。

（2）给自己的重新制订一份计划，这份计划必须要考虑到前一次失败的原因。

（3）不妨去想象一下自己在获得成果后的欢愉场景。

（4）收起那些曾经让你不快的记忆，它们现在已经变成使你未来获得成功的肥料了。

（5）重新出发。

你必须再三试行这五个步骤，才有可能如愿达成目标。因为每尝试一次，你就能够增加一次收获，并向目标更加进一步。

当然，我们不必为昨天的错误而流泪，并不意味着我们可以为自己的错误推卸责任，相反，一旦发现过错，我们就要勇于改正，这才是真君子。

什么是真正的过错？一个人有过错不要紧，过而能改，善莫大焉；如果有过错而不肯改，这才是真正的过错。

这一启示告诉生活中的人们，若想逐步完善自己，就必须抛弃任何借口，主动改正错误。为此，你需要做到：

1.挖掘出自己需要改进的地方

（1）性格弱点。人无法避免与生俱来的弱点，必须正视它，并尽量减少其对自己的影响。比如，如果你独立性太强，则可能在与人合作的时候，缺乏默契，对此，你要尽量克服。

（2）经验与经历中所欠缺的方面。“人无完人，金无足赤”，每个人在经历和经验方面都有不足，但只要善于发现，只要努力克服，就会有所提高。

2.自我反省

当你获得一定的荣誉、取得一定的成绩后，最难能可贵的就是胜不骄败不馁，懂得自我反省，才会不断进步。

3.直视自己，不要害怕犯错误

人无完人，所以，谁都有可能犯错。关键是你要告诫自己，下次不能再犯。相反，如果你在做事前，就谨小慎微，暗示自己决不能犯错，那么，你反而会因为有心理压力而做不好，而且，害怕犯错误会让你倾向于掩盖错误。你会离谦虚这两个字越来越远。想要不再害怕犯错误，就要从现在开始，正视错误并积极主动地改正错误。当自己犯错的时候，第一想到的就是怎样挽回，而不是怎样逃避。

总之，我们要做个凡事向前看并且善于自我反省和自我纠错的人，只有这样，才能发现自己的缺点或者做得不够好的地方，然后对其加以改正，使自己不断进步，同时扬长避短，发挥自己的最大潜能。

改变心态，从容面对人生的众多缺憾

每个人的人生，都不可能是完满的，尽管我们都渴望拥有完美无暇的人生，但是人生的真相就是充满缺憾。那么，对于人生的缺憾，追求完美的我们，应如何正确对待呢？很多人一旦看到人生出现缺憾，就会觉得非常懊恼，甚至厌弃自己的人生。殊不知，人生的很多缺憾是天生存在且无法改变的，诸如有些朋友也许生来具有生理上的缺陷，也有些朋友总是运气不佳，在这种情况下，一味地抱怨或者迫不及待地想要改变，未必能够起到很好的效果，尤其是前一种情况。那么，我们必须坦然接受生命中的苦难。对于人生中的缺憾，我们必须要端正态度：我们虽然无法改变客观存在的一切，但是我们可以改变自己的心态，让自己从容面对人生。

当然，世界上的万事万物都处于不断的发展和变化之中，人生也是如此。当人生不断改变，当人生不尽如人意时，我们只顾着抱怨显然于事无补。而且，很多事情虽然发展过程是可控的，但是其结果却是不可逆的。在这种情况下，我们必须改变自卑的心态，理智认清楚自己的人生，从而让自己不断提升和完善自我，也做到心平气和、积极地面对人生的缺憾。记住，任何时候都不要给自己贴上缺陷的标签，归根结底，缺陷也是一种美，缺陷导致的人生缺憾，更是会给我们警醒，使我们思考，从而帮助我们变得更加完美。

1955年秋天，张海迪出生在山东济南。5岁之前，张海迪是个健康可爱的女孩，然而，她的命运在5岁那年突然转折。5岁时，张海迪因为患脊髓病，导致高位截瘫，从胸部往下的身体全都失去知觉，彻底瘫痪。从此之后，张海迪的人生变得与众不同。

因为身体的限制，张海迪无法和大多数孩子一样正常读书学习。为此，她不得不在家中通过自学的方式，提升自己的知识水平和文化素养。后来，在15岁那年，张海迪跟随父母去了山东聊城的农村。在农村，她并没有自暴自弃，而是主动承担起教师的责任，给村里的孩子教授文化知识。后来，她看到当地村民看病难，便开始学习医术，为村民们治病。父母回城后，张海迪也回到县城。她不能再在农村当赤脚医生，就主动自学多门外语，从事翻译工作。在充满坎坷挫折的命运面前，张海迪从未缴械投降，更不曾放弃人生的希望。她还当过无线电修理工，只为了发挥自己的光和热，为社会创造价值。

1983年，张海迪正式开始文学创作，不但翻译了很多英文小说，还编著了很多书籍。其中，她的作品《轮椅上的梦》走出国门，在韩国和日本出版发行，她的作品《生命的追问》几次追印，还在全国获奖！不得不说，张海迪的一生是奋斗的一生，也是绝不平凡的一生。

毋庸置疑，张海迪的人生有着巨大的缺憾。对于一个年轻的女孩而言，高位截瘫意味着什么，是很多健康人都无法想象的。然而，在这个世界上，没有任何人的一生会是一帆风顺的。每个人在人生之中，难免会面对很多不如意，也会遭遇很多的缺憾。假如我们对命运缴械投降，那么我们就会被命运彻底打败。相反，我们只有坚强不屈，如同张海迪一样坚强乐观地面对缺憾人生，才能鼓起勇气挑战命运，最终主宰命运。

要想正确对待人生中的缺憾，我们必须首先认可缺憾的存在，尽快接受缺憾。这样一来，我们才不会与缺憾对抗，更不会因为缺憾心神不宁。可以说，当我们把缺憾当成人生中最正常的存在，那么我们的内心就能恢复平静，我们也就能够正视并且改变缺憾。朋友们，人生最难得的是内心的平静坦然。我们唯有从容接受人生的一切合理存在，才能保持心绪平静，也才能最大限度发挥自身潜能，创造人生的辉煌成就。

第09章 心态好了，一切自然会好起来

每个人的人生都是从一张白纸开始的，以后所发生的事情都会渐渐在白纸上绘满轮廓，包括我们的经历，我们的遭遇，我们的挫折。而我们的生活状态在很大程度上取决于我们对生活的态度，取决于我们看待问题的方式。乐观者会从中发现潜在的希望，描绘出亮丽的色彩；反之，悲观者总是在生活中寻找缺陷和漏洞，所看到的都是满目黯淡。因此，从现在开始，选择好的心态吧，一切自然会好起来。

控制不良情绪，从调整心态开始

哲人说，太阳底下所有的痛苦，有的可以解决，有的则不能，如有解决办法就去寻找，如无就忘掉它。我们都知道，天有不测风云，人有旦夕祸福，应该学会承担生活的不如意，而不是一遇到事就发脾气。当然，每个人都有情绪，因此，学会控制自己的情绪也需要一个过程，每个人的自控能力不是一下子就能形成的。控制不良情绪，需要我们从调整心态开始。

的确，有时候，有些事，调整一下心态，一切就会不同。

有一天，小魏带儿子逛完超市回来，在旧货市场门口正常过人行横道线，走到马路中间时发现几米远的地方有一辆红色小车开过来，她心里想想还有段距离，过去是来得及的，更何况驾驶员看到有人在走人行横道应该会让行的。可是让她意想不到的是，这个驾驶员非但没有减速，反而加速行驶过来，速度之快让她没有时间反应。当她反应过来的时候就听到一阵急刹车的声音，驾驶员将车停在三十公分距离位置，而且已经压在人行横道的线上了，这时小魏真的是心跳加速，要知道她还带着儿子呀！她下意识抬头一看，开车的竟然是一个比较漂亮的年轻女性，而当她准备离开时，没想到这个女人从车上下来，指着小魏就骂："长没长眼睛啊，没看见车啊？"这时的小魏真是觉得莫名其妙，明明是她差点撞了自己和儿子，却反咬一口，真是没道理，而这个时候，马路边上已经聚集了一堆人，开始往这边涌来，对这个女人指指点点的，似乎是在说她不对。小魏本打算把儿子带到安全的过道上然后过去与其理论，可一想，这样实在影响不好，事情又不大，也毁自己形象，于是拉着儿子离开了。剩下那个女人在那里破口大骂，围观的人还没有散去。

小魏的做法是对的，而那个女人则在公众场合丑态百出，可能她自己还没意识到，想从小魏那里赢得一个胜利，而小魏则明智地退身，保全了自己的形象。

美国的一位心理专家说："我们的恼怒有80%是自己造成的。"而他把防止激动的方法归结为这样的话："请冷静下来！要承认生活是不公正的。任何人都不是完美的。任何事情都不会按计划进行。"

拿破仑说："能控制好自己情绪的人，比能拿下一座城池的将军更伟大。"意大利著名的皮衣商安东尼·迪比奥谈到自己成功的经验时不无感慨地说："其实，我并不是一个天生的成功者，许多人都比我更聪明、更有才华。我唯一比他们强的只不过是我更容易控制自己的情绪罢了。我很冷静，从不为那些情绪化的事情浪费时间和精力——我的意思是说，我享受不起那种感伤。"

然而，现实生活中，却有一些人特别容易情绪化，遇喜则喜，遇悲则悲，如遇不满，就破口大骂，很多不文明的举动相继爆发出来，形象全无。事实上，在日常工作和生活中，令我们生气的事实在太多，我们根本不必要去愤怒，我们大可以把关注的视角放在事物的另外一个方面，对这一方面的联想往往能使我们心平气和，长此以往，你便能修炼良好的心性。而所谓的心性，其实就是一个人的善恶成分，是好与坏，正确与错误，如何判断自我与外界关系的一种综合反映。

事实上，心性好坏与否，对他人所产生的影响力倒是次要的，它最严重的是对个人心态的影响。而个人心态直接影响的是个人的命运。

心性健康的人，看什么都是美好的，比如阳光、欢乐、温暖、健康，当他们遇到不顺的时候，他们有自我劝解的能力，因此，他们有意愿并且有能力把日子过得顺心，就算遇到挫折，也能调整自我。相反，那些心性不好的人，因为他们关注的视角不同，他们的生活也是不幸福的。

想要成为一个拥有良好心性的人，你可以这样做：

1.积极的语言暗示

日常生活中，我们运用语言的情况多半是与人交谈，而其实，语言还有其他很多的功用，其中就包括心理的暗示，语言暗示对人的心理乃至行为都有着奇妙的作用。

为此，当你心有不快，想要通过发火的方式来发泄时，你可以通过语言的暗示作用来调整自己，以使自己的不快得到缓解。达尔文说过：“人要是发脾气就等于在人类进步的阶梯上倒退了一步。愤怒是以愚蠢开始，以后悔告终。”比如，你的朋友做了伤害你的事，你很想找他理论，并将他骂一顿，那么，此时，为了不让事情产生严重的后果，你在冲动前可以告诉自己：“千万别做蠢事，发怒是无能的表现。发怒既伤自己，又伤别人，还于事无补。”在这样一番提醒下，相信你的心情会平复很多。

2.放松调整自己

生活中，你总是会遇到一些令你不快的事，憋在心里只会让自己心情更郁闷，此时，你也可以找个发泄的方式，但一定要注意你的发泄是否会影响到他人。因此，最好的方法就是到一个无人的的地方大喊几声，或者去从事一些体力劳动、去操场锻炼身体，当你的这些心理压力通过身体上的能量转换成汗水以后，你会发现，你的心情会好很多，气也顺些了。当你生气的时候，你也可以拿出你的小镜子，看看生气时候的你是多么难看，那么，不如笑笑，你笑，镜中的你也笑，苦中作它几次乐，怨恨、愁苦、恼怒也就没有了。

另外，你可能会认为，一个坚强的人一定不能哭泣，哭是懦弱的表现，而其实并不是如此，在过度痛苦和悲伤时，哭也不失为一种排解不良情绪的有效办法。哭不仅可以释放身体内的毒素，还能释放能量，调整机体平衡。在亲人和挚友面前痛哭，是一种真实感情的爆发，大哭一场，痛苦和悲伤的情绪就减少了许多，心情就会痛快多了。流眼泪并非懦弱的表现，所以你该哭当哭，该笑当笑，但要把握好一个度，否则会走向反面。

3.自我激励，原谅对方

激励是人们精神活动的动力之一，也是保持心理健康的一种方法。当周围的人让你生气时，你不妨自我激励，告诉自己，如果我原谅他了，我的品质就又提升了一步，这样自然就压制住了要发火的倾向。

4.创造欢乐法

心绪不佳、烦恼苦闷的人，看周围一切都是暗淡的，看到高兴的事，也笑不起来。这时候如果想办法让自己高兴起来，笑起来，一切烦恼就会丢到九霄云外了。笑不仅能去掉烦恼，而且可以调解精神，促进身体健康。

积极的心态能孕育出巨大的能量

生活中，我们经常听到有些人说，“点头微笑，低头数钞票”“和气生财”“家和万事兴”之类的俗语，这些都充分说明了一个道理：只有时时保持一种积极的人生态度，才有获取成功的希望。因为任何人的一生，都需要我们用心来描绘，无论自己处于多么严酷的境遇之中，心头都不应为悲观的思想所萦绕，应该让自己的心灵变得通达乐观。罗根·史密斯说过这样一段言简意赅的话，他说：“人生应该有两个目标，第一是得到自己所想的东西；第二是充分享受它。只有智者才能做到第二步。”

可见，当人生的不幸来临时，积极的心态是一个人战胜一切艰难困苦，走向成功的推进器。积极的心态，能够激发我们自身的所有聪明才智；而消极的心态，就像蛛网会缠住昆虫的翅膀、脚足一样，会束缚人们才华的施展。

积极的心态使人看到希望，保持进取的旺盛斗志；消极心态使人沮丧、失望，会限制和扼杀我们的潜能。积极的心态创造人生，消极的心态消耗人生。积极的心态是成功的起点，消极的心态是失败的源泉。选择了积极的心态，就等于选择了成功的希望；选择消极的心态，就注定要走入失败的沼泽。如果你想成功，想把美梦变成现实，就必须摒弃这种扼杀你的潜能、摧毁你希望的消极心态。

成功和失败之间的区别在于心态上的差异：成功者着意亮化积极的一面，失败者总是沉迷消极的一面。心态是个人的选择，有积极心态的人处处都能发觉成功的力量。一个人有了积极的心态，成功就变得容易了。

积极是你人生中最重要的力量。每个人的人生难免会遭遇困境和危机，所以必须有充足的心灵资源支撑你度过最恶劣的黑暗时期。高情商的人始终会保持内心积极的力量，从始至终，永不放弃！

我们坚信逆境对我们的帮助要胜过顺境，但没有人喜欢生活在那些困境之中。没有一个人的一生是平坦的康庄大道，真正的顺境只存在于“乌托邦”的理想之国中。那么逆境到来之时，我们应该怎么面对？

当逆境到来之时，你可以选择两种截然不同的态度，消极被动地害怕和逃避，或者积极主动地面对和接受。若心存消极态度，那么，你将被局面控制；而积极主动，则能反过来控制局面。如果你希望能够通过自己的努力使自己一点点变得强大，同时让自己变得更完美，就必须选择积极主动的态度，那么，逆境这朵“浮云”自然会被你驱赶出心灵的天空。

说到底，决定人心态的是人的理想、人生观、世界观。一个大气的人就会具有远大的目标，正确的人生观，就是要胸怀宽广，执着进取，挑战自我，不屈命运，坚信自己，积极思想。那么，我们一定能保持良好的心态，即使生活给予我们挫折，我们也要怀着理解的心态给它一个微笑！

随时保持快乐心情，不要自找烦恼

有人说，世界上最难得到和最容易得到的东西，都是快乐。快乐不需要理由，不快乐却有无数借口。快乐是一种能力，也是一种智慧。然而，生活中，我们每个人都会遇到一些烦恼，我们常常被这些烦恼困扰着，而事实上，这些烦恼都是我们自找的。一个浮躁的人才乐于给自己找麻烦，你可以追寻美好的生活，可以追寻甜蜜的爱情，但你绝不可以自寻烦恼。

可以说，一个高情商的人总是能淡化烦恼、寻找快乐，他们豪爽，爱交际，朋友多；他们兴趣广泛，不会无所事事；他们爱运动，因为运动是快乐的添加剂，会直接带给人快乐；他们生性乐观豁达，积极进取，却知足常乐；他们抗挫折能力强，总认为困难是暂时的，相信乌云遮不住太阳……

每个人都有七情六欲和喜怒哀乐，烦恼是避免不了的一种情绪。但不同的人对待烦恼的态度却是不同的。比如，积极乐观者一般很少自找烦恼，而且善于淡化烦恼，善于从烦恼中发现快乐之事；而悲观失望者却总是喜欢无病呻吟，一旦有了烦恼，忧愁万千，牵肠挂肚，离不开，扔不掉，活得有些窝囊。

可见，大多时候，人的烦恼都是自找的，有些问题其实根本不值得烦恼。举个很简单的例子，你已经是一名主管，管理着很大一批人，但你却一直觊觎经理的职位，但你没料到的是，这一职位却被一名资历不如自己的人拿到了，你心里很不痛快，但你忽视的一点是，主管的职位已经算是高收入岗位了，再说位高烦恼多，经理也有经理的烦恼，他的烦恼未必少。还有的人为钱而烦恼，有了一万想两万，有了两万想三万……总是烦恼，可是你除了想过钱多有钱多的得意，有没有想过钱多有钱多的烦恼，钱少的或许没有钱多的那么神气，但钱少的也没有钱多的那么多担忧，平民小户无需担心被盗贼绑架，恐怕也少有为争夺家产而使兄弟反目，甚至相残的悲哀。

当我们在为种种苦恼之事感到失落甚至掉泪时，其实快乐就在身边朝我们微笑。做一个快乐的人其实并不难，拥有一个幸福的人生也很简单，只要我们不自找烦恼。

从前，佛祖遇到了一个不喜欢他的人，这个人连续几天都跟着佛祖，并用各种方法辱骂佛祖，但奇怪的是，佛祖似乎没听到这些似的，从不跟他计较。这个人很纳闷，就问佛祖是怎么做到的。

佛祖反问道："若有人送你一份礼物，但你拒绝接受，那么这份礼物属于谁的？"

那个人答："属于原本送礼的那个人。"

佛祖微笑着说："没错。若我不接受你的谩骂，那你就是在骂你自己。"

那个人恍然大悟，摸摸鼻子走了。

这里，佛祖要告诉我们的是，只要你对别人给你的烦恼不理不睬，那么无论别人如何谩骂你、如何对待你，都影响不了你的快乐，夺不走你的高兴。也就是说，生气其实就是拿别人的错误来惩罚你自己，真正的受害者也是你自己。因此，不要扰乱了自己的心，烦恼往往都是自找的。只要你不接受"烦恼"这份礼物，任何人都破坏不了你的好心情。

美国心理治疗专家比尔·利特尔经过研究认为：一个人若有以下心理或做法，必定会促使其自寻烦恼、无事生非：

1.总把问题的症结放到自己身上

你是不是认为别人不喜欢你只是因为你的原因？你是不是认为同事被上级领导批评也是你的原因？若把问题原因都归结于自己，那么要不了多久，你就会烦恼成疾。

2.顾影自怜，认为自己是殉难者

比如，你可能经常会听到一个家庭中的主妇会这样抱怨："没有一个人真正心疼我，对我们家来说，我不过是个仆人而已。"而男人们也会抱怨："我的骨架都累散了，谁也不把我当回事，大家都在利用我。"要知道，经常这样想，必定会使你烦恼异常，而且还能使周围的人感到厌烦，对你的感觉变得更糟。

3.喜欢做白日梦

最可怜、可悲的人莫过于那些总是做白日梦的人，如果你不重新调整你的目标，那么，那些无法实现的目标会让你烦恼不断。

4.制造隔阂

你不懂得怎么"讨好"别人，你从未赞美过他人，却总是挑刺儿、埋怨，好与人争论，这都是制造隔阂、自寻烦恼的罪魁祸首。

5.只看到消极面

不要总是把眼光放在你曾经受到的冷遇上，也不要总是计算自己吃了多少次亏，如果你这样做，你就在运用这种消极的思想方法给自己制造烦恼。

6.总是拖延问题

问题一旦出现，你就要去解决，因为此时解决很容易，而如果你采取拖延的方法，那么，问题只能像滚雪球一样越滚越大，最后一发不可收拾。“如果错过了解决问题的时机，索性再往后拖拖。”如果你这样想，问题就会变得更糟，也必定会导致你的忿怒和苦恼埋在心底几个月甚至几年。

做一个快乐的人其实并不难，拥有一个幸福的人生也很简单，只要我们摒弃以上心理或做法。要知道，世界上没有一个人因烦恼而获得过好处，也没有一个人因烦恼而改善过自己的境遇，但烦恼却在随时随地损害着我们的健康，消耗着我们的精力，扰乱着我们的思想，减少着我们的工作效能，降低着我们的生活质量。

人生在世，我们其实是在为自己而活。活着，本身就是一种幸福。每个人来到这个世界上都是不容易的，也是幸运的。所以，珍惜和善待我们的人生吧，快乐和充实地度过每一天，才是远离烦恼的正确选择。

积极热忱一点，带给别人正能量

有人说，和阳光的人在一起，心里就不会晦暗；和快乐的人在一起，嘴角就常带微笑；和进取的人在一起，行动就不会落后；和大方的人在一起，处事就不小气；和睿智的人在一起，遇事就不迷茫；和聪明的人在一起，做事就变机敏。上述这些人就是有正能量的人，他们总是能用自己的正能量感染别人。

感染，词典中一解是“受到感染”，另一说是“通过语言或行为引起别人相同的思想感情”。在生活中，我们的情绪、精神面貌等总会在经意和不经意中影响着他人的生活。而不难理解，人们都愿意接受那些正面的情绪和能量，而不愿与那些消极颓废者交往。因此，如果我们能积极热忱一点，带给别人以正能量，那么，自然也会得到他人的青睐。

中国革命的先行者孙中山先生曾在广州广东大学，即现在的中山大学做演讲。

那次演讲的礼堂空气流通不大好，加上听众很多，所以有些人精神不大好，听得昏昏欲睡。为了改善一下当时的听讲气氛，孙中山先生为大家讲了一个这样的故事：

曾经有一个搬运工人，一心想改变自己的命运，于是，他买了一张马票，但他不知道藏在什么地方，思前想后，便藏在了随身携带的一根竹竿里，并记下了马票号码。开奖后，他发现自己就是巨额马票奖的获得者，高兴得欣喜若狂，便把自己的手上的竹竿扔到海里了。因为他以为从今以后就不用再靠这支竹竿生活了。直到问及领奖手续，知道要凭票到指定银行取款时，他才想起马票放在竹竿里，便拼命跑到海边去，可是，那个竹竿早不知去向了。

讲完这个故事，听众中间躁动起来了，他们议论纷纷，笑声、叹息声四起，结果会场的气氛活跃了，听众的精神振奋了。

于是，孙中山先生抓住时机，紧接着说，“对于我和大家，民族主义这根竹杠，千万不要丢啊！”由此很自然地将话题引回到原有话题的轨道上。

故事中，孙中山就很善于调动听众的情绪，当大家昏昏欲睡时，他通过一个巧妙的故事，将大家的关注点重新带到他要演讲的问题——民族主义上。

实验表明，人们在相互交流接触时，一个人的情绪会通过手势、语言、眼神等方式传递给他人。我们如果能安抚别人的情绪，将自己的快乐传播给他人，于人于己，都是一件很有意义的事。

我们都知道，现代社会，无论是谁，都不是生活在封闭的环境中，我们都必须与人交往。接触，必然会产生情绪，无论是积极的还是消极的情绪，都会对人际关系产生作用。因此，我们发现，那些人缘好的人通常都有一个本领，当他发现对方情绪不好时，他会充当心灵的慰藉者，帮他排除内心的痛苦和忧虑。而当这种消极情绪被排解后，很多因情绪而引发的问题也就自然而然地解决了。那么，生活中的人们，你是否能带给周围的人好情绪呢？我们再来看下面一个故事：

这天，正在上班的老王，接到学校老师的电话，原来，儿子违纪了，他知道儿子有隔着很远的距离向废纸篓内投杂物的习惯，即使看到垃圾散落其外也置之不理。原来儿子在学校也是这样，乱丢乱扔是学校三令五申反对的不良习惯，也是班级公约明文禁止的违规行为。对此，老王很生气，准备晚上回家后好好教育儿子。

晚上，老王把儿子叫到书房的时候，儿子是一副诚惶诚恐的模样，想来他已经知道爸爸找他所为何事，似乎也做好了接受急风暴雨式“批斗”的心理准备。老王这时候突然想到一个问题，一旦孩子处于这种高度“防范”的状态，任何不理智的手段和方法，不仅无法收到预期的教育效果，甚至可能引发对立和对抗。换一种教育方式，说不定会出奇制胜，他很想试一试。

于是，他故作随意的样子问他：“你是不是比较喜欢打篮球？”儿子听了一怔，继而不好意思地挠了挠头说：“还行，但球技不怎么样。”

“是吗？所以你就想借助一切机会来练习自己的投篮？”

听爸爸这么一说，本来已经满脸通红的儿子愈发显得局促不安了。最终的结果是，他不但承认了自己乱丢乱扔的错误，而且真诚地表示要努力对其加以改正。一次本当“秋风扫落叶”般的教育，却以幽默的方式取得了令人满意的教育效果，老王深以为幸。自打这次之后，他与儿子的关系更进一步了，因为孩子认为，他的父亲很理解他。

这则故事中，老王就是个善于调适他人心情的人，几句简单的话，不仅让孩子接受了教育，还拉近了与孩子之间的距离。

同样，我们的生活中，总有一些善解人意的人，无论周围的亲人还是朋友心情不顺，他都能以敏锐的眼光在第一时间内洞察出来，并能以体谅的心情安慰、关怀他们，让他们重新恢复到平静的状态。因此，如果我们也能有这样的能力，那么，我们必定也能成为受人欢迎的人。

那么，我们该怎样拥有这种正能量呢？

1.先让你自己变得快乐起来

每天早上起床时，你都可以这样暗示自己："今天将是美好的一天！"并让这个自我激励深入到潜意识中去。当你在奋斗过程中精神不振的时候，这样的潜意识就会引导你采取热情的行动，变消极为积极，焕发奋斗的活力。

2.积极参与社会交往

一个交际范围广的人，阅历才会丰富，才能产生积极的情绪体验，积极的情绪体验又会使人们更积极地与人交往，更好地适应环境、应对突发事件，从而形成一个良性循环。

3.表达你的热情

冷漠的态度无法感染他人。热情与快乐是一对连体婴儿。对方在感受到你的热情时，自然也就对你敞开了心扉，也会逐渐感染你传达给他的情绪。

人生苦短，人们都愿意快乐、积极地生活，因此，我们应该做的是带着笑脸工作，带着笑脸社交，微笑面对朋友，用开心和快乐去感染家人，感染同事，感染朋友，从而尽情享受生活的甜蜜与温馨。远离一切不快情绪的感染，给家人一份快乐，给同事一份快乐，给社会一份快乐……我们的生活将会阳光灿烂。

4.陪同他人参与愉快的生活体验

因为增加令人愉快的体验，可以改善消极情绪状态。这样，即使偶尔遇到不愉快的事情，也会迅速忘记。为此，你可以陪同他人参与一些积极的社会活动，比如，旅游、唱歌等。

总之，一个能带给他人快乐的人，必定是个心智成熟、理智的人，也必定是个情商高的人，同时，也必定具备良好的人际关系，这也是他们人生路上一笔宝贵的财富。

心向阳光，你的眼里就都是光亮

亚伯拉罕·林肯在一次竞选参议员失败后这样说道：“此路艰辛而泥泞，我一只脚滑了一下，另一只脚也因而站不稳；但我缓口气，告诉自己‘这不过是滑一跤，并不是死去而爬不起来’。”在生活中，无论我们置身多么糟糕的环境，只要我们的心境还算是平静，那所有的情况都不算糟糕的。没有不好的环境，只有不静的心境。有时候，阻碍我们前进的并不是外在的不好的环境，而是我们内心不安定的心境。虽然，外在的境遇是我们所不能改变的，但心境却是可以改变的。改变了心境，就相当于改变了环境，所谓“境由心生”，我们心境怎么样，环境就会变得怎么样，因为我们可以改变心境，让心境与环境合拍，从而就能改变不好的环境。

小娜是一名报社记者，最近她接到了一项特殊的采访任务。当她拿到被采访者的资料时，她不禁有些难过，这是一个怎样的女人：丈夫早些年得了重病去世了，欠下了大笔的债务，家里有两个孩子，还有一个带有残疾，女人只是在一家小型的工厂里当一名女工，微薄的薪水养着整个家，还需要还债。小娜一下午都坐在家里，想着：女人家里不知道是什么样子？女人和孩子都蒙头垢面，满脸悲苦，又黑又潮的小屋里没有一点鲜活的色彩？自己去了，也许只会听到不断的哭诉。

那个周末，小娜满怀同情，按照地址找到个那个女人居住的地方。当她站在门口时，有些不敢相信自己的眼睛，她甚至怀疑自己找错了地方，于是又向女主人核实了一遍。确认无误之后，她开始重新打量这个家：整个屋子干干净净，有用纸做的漂亮门帘，墙上还贴着孩子上学获得的奖状，灶台上只放着油盐两种调味品，但罐子却擦得干干净净，女人脸上的笑容就像她的房间一样明朗。小娜坐在用报纸垫着的凳子上，热情的女人为她拿来了拖鞋，小娜看见那鞋居然是用旧的解放鞋的鞋底做的，再用旧毛线织出带有美丽图案的鞋帮。

女人也一起坐下来，小娜不禁有些好奇她是怎么把这个家打理得这样舒适的，女工一边干着活，一边微笑着说，家里的冰箱洗衣机都是隔壁邻居淘汰下来送给自己的，其实用得也蛮好的；工厂里的老板同事也都很照顾自己，还会让自己把饭菜带回来给孩子吃；孩子们也很懂事，做完了一天的功课还会帮忙干家务活……

小娜听着听着，眼睛有些湿润了，叹息道："虽然你所面临的环境是糟糕的，但是，你的心境却是阳光。"这并不是同情，而是一种赞叹，赞叹女人的坚强，更赞叹女人的乐观。

故事中，女工所处的环境是相当糟糕的，如果换了别人，估计早已经活不下去了。但拥有阳光心境的女工却坚持了下来，不仅努力地活着，而且还用自己微薄的薪水创造了一个干净而温馨的家，这确实值得我们赞叹。乐观的女工竟然面对如此境遇还能坚强地生活下去，那我们呢？

1.改变不了现实就改变心境

在生活中，一些不好的境遇往往会不期而至，不管我们接受不接受。对于我们自身而言，既然那些不好的环境是无法改变的，为什么不尝试着改变自己的心境呢？当你的心境变得阳光，你所看见的一切都是美好的，你就不会再抱怨环境多么糟糕，似乎它比你想象中还要好得多。没有糟糕的环境，只有不静的心境，当你的心境变得平静，自然就不会为那些糟糕的环境而斗气了。

2.乐观面对，一切都将是那么美好

在这个世界上，根本没有糟糕的环境，只是你的心境影响了对环境的认识。当你感到苦闷或烦躁的时候，不妨想想，你所认为的不好环境是否在于自己拥有了一份糟糕的心境呢？如果答案是肯定的，那就尝试着改变心境，放弃苦闷的心境。以乐观的心境面对，你会发现，之前所认为的不好环境并没有想象中那么糟糕。

一个人若是拥有了不安定的心境，即便他处于多么顺利的环境之中，他也会感到异常苦闷；反之，一个人若是拥有热情、乐观的心境，那不管他处于多么恶劣的环境，他依然可以过得快乐幸福。

调整心态，以更加自信的姿态面对生活

曾经有位名人说，一个人最大的敌人是自己，唯有突破自身的局限和禁锢，人们才能获得长足的发展。的确如此，很多

情况下，虽然外界环境恶劣，但是人们总像打不死的小强一样战胜苦难。然而，一旦内心的精神支柱轰然崩塌，整个人的精气神都会随之崩溃，再也无法做到强大镇定。既然人生的态度决定了我们的成败，那么我们从现在开始就应该调整心态，让自己以更加自信的姿态对待生活。

生活中，总有些人非常悲观消极，即使事情远远没有那么糟糕，他们也会怨天尤人，早早地就放弃希望，不再进行任何努力。还有些人与此恰恰相反，他们虽然面临着窘境，却始终保持乐观，更不会因为眼前的困难和障碍轻易放弃。他们就像是美国大片里那些主人公一样，任何时候都保持旺盛的精力和顽强不屈的意志，不到最后的胜利关头决不放弃。细心的人会发现，那些成功人士，那些在逆境中最终柳暗花明的人士，都是非常坚强乐观的。与此相反，那些悲观绝望的人，即使有很多很好的机会，也终将被命运抛弃。对于任何一个人而言，命运都不会永远一帆风顺。尤其是在漫长的一生之中，我们既会接受阳光的抚摸和清风的吹拂，也会被命运的浪涛抛弃又跌下。面对这一切，我们必须坚定不移地相信自己终将能够冲破乌云，顺利扭转局势。很多情况下，我们无法改变客观的存在，我们唯一能做的就是调整心态，采取正确的态度应对。这是我们的主场，我们要时刻牢记这一点。

纵观古今中外，你会发现，大凡成功人士，一定有着积极的态度和顽强的毅力，有着永不放弃的信念。一次的拒绝并不意味着什么，一千次的拒绝也不代表我们无法迎来第一千零一次的成功。只要我们始终牢记心中的目标，坚持不懈，持之以恒，就一定能够冲破命运的藩篱，最终实现自己的人生理想。

天上不会掉馅饼，任何财富都是给那些愿意付出的人准备的。倘若你总是采取被动消极的态度对待人生，你的人生就一定会充满失望。倘若你不管身处何种境遇都坚持努力，那么即便情况再怎么糟糕，你的心中也会充满希望，如此坚持下去成功难道还会远吗？！

第10章 任何情况下，都要提升自己

哲人说，我们每个人都蕴含了巨大的能量，而一个人只有用自己的突出之处为人生创造价值，他的才能才能最大化，他也才能逐步强大起来，为此，我们一定要不断提升自己，要让自己在每天都取得进步，让不断增长的才干为自己打开成功的大门。看看有哪些突出的才能能够为自己的人生创造奇迹吧，如果没有，就让我们培养其中的几项，让这些不断增长的才干成为自己的核心竞争力，帮助自己在人生的比赛中胜出。

努力提升自己，活出自己的精彩

生活中，人们总是喜欢用娇艳欲滴的玫瑰象征爱情，也因此，玫瑰被冠以“爱情之花”的美名。作为一株蒲公英，你是不是也梦想着有朝一日能像玫瑰一样，被包裹上漂亮的衣裙，送达最爱的人手中呢？其实，你完全不必羡慕玫瑰，因为玫瑰此时此刻正在羡慕你，因为只需要一阵风，你就像是长出了翅膀，撑起小伞四处翱翔。你还能看到玫瑰所不曾看到的广袤天地，你是玫瑰最羡慕的对象。遗憾的是，这一点你却不知道，你只知道对着鲜艳的玫瑰垂涎三尺。

不管什么时候，妒忌都是一种负面情绪。不过，妒忌是一种主观心理活动，只要愿意，你总还是能够控制自己的妒忌心，帮助自己摆脱妒忌的束缚。通常情况下，人们都会妒忌是在某个方面或者多个方面都比自己强的人。如果面对一个和自己相比非常弱小的人，那么人们只会产生爱怜之心，而不会真的妒忌。此外，性格自卑内向的人也更容易妒忌他人，因为他们不管有什么事情都喜欢深深地埋藏在心里，与他人缺乏沟通，因而情绪无法及时疏导出去，最终导致郁结于心。在这种情况下，当看到他人乐观自信的样子，妒忌之心也就油然而生。当一个人变得自信，很多方面都能做到最好，他就不会轻易妒忌他人，因为妒忌本质上是对自我的贬低。既然如此，就让我们把妒忌他人的时间用于提升自己吧。当你长出翅膀，你就能成功地绕着整个世界飞翔。

一直以来，老三都很妒忌大哥。因为大哥是家里的长子，在那个物资匮乏的年代，家里不管有什么好吃的好喝的，都要紧着大哥享用。而下面的这些弟弟妹妹们，虽然也没少得到大哥的庇护，但是妒忌之心却始终“长盛不衰”。尤其是老三，因同是男孩，对大哥就更是妒忌。

直到二十年后，此时的老三在美国攻读博士学位，早已经有知名单位与他洽谈合作意向。如今生活顺意的老三，在想起大哥时总觉得很亲切。这么多年，如果不是大哥一毕业就挣钱养家，他根本没有可能这么悠然自得地一直读书、学习。因而，在回国探亲时，老三特意给大哥带了一套家庭影院，他知道，大哥最喜欢看电影了。

老三曾经妒忌大哥，只是因为大哥比他风光，比他得到更多，也比他承担更多。如今，老三的成就显然已经在大哥之上了，他的心胸也变得更加开阔，因而能够心平气和地评价大哥对整个家庭的贡献。每个人都有属于自己的生活，盲目地妒忌他人，只会扰乱我们自身的心绪，甚至让我们的内心变得焦虑不安。

既然知道每个人的人生都是无可比较的，我们就不要去比较，更不要因此心生妒忌。任何事情都要辩证唯物地去看待，有的时候看似得到，实际上是在舍弃；有的时候看似舍弃了很多，却得到了命运独特的馈赠。因此，作为一株蒲公英，你再也不要羡慕玫瑰的娇艳欲滴啦！当你尽情地在空中自由翱翔时，玫瑰的美丽又算得了什么呢！

永远不要妒忌他人的生活，因为他人的生活你模仿不来，即使再努力也得不到。为什么会这样呢？因为你有属于自己的生活。同样的道理，你的生活别人即使羡慕，也同样得不到。虽然人们常说人的命由天定，带着消极悲观的色彩和宿命论的腔调，但是你的人生的确是与众不同、无可复制的。因为你的人生与你的一切都息息相关，而你的一切都与他人都不同。既然如此，不要盲目地羡慕和嫉妒他人了，活好自己才是最重要的。

善于自我反省，给自己独立思考的时间

我们知道，人都是群居动物，并且，我们每个人每天都要为生计奔波，都要面临繁重的工作压力，我们常常需要周旋于各种应酬场合，似乎很少静下心来，思考人生，思考自己，立身于尘世中太久，你是否经常有种孤独、寂寞、窒息的感觉？你是否不知道自己要的到底是什么样的生活？你的心是否曾经被一些自私自利的狭隘思想笼罩过？你是否已经变得人云亦云？“不识庐山真面目，只缘身在此山中”，为此，我们任何一个人，都要有“吾日三省吾身”的心，要有“跳出庐山看庐山”的胆，给自己一段独立思考的时间，做回真正的自己。可以说，一个人是否善于自我反省，是其情商高低的重要反映。

我们每个人都要有自省的精神，认识自己，反省自己，才能不断进步，你不妨在忙碌之余为自己寻找一片心灵的净土，带着一颗最本真的心认识自己。

曾经有位事业有成的年轻人，他在朋友的劝说下来看心理医生，因为他觉得自己的工作压力太大了，心灵好像已经麻木了。

诊断后，医生问年轻人：“你最喜欢哪个地方？”“我不清楚！”“小时候你最喜欢做什么事？”医生接着问。“我

最喜欢海边。”年轻人回答。于是医生说：“拿这三个处方，到海边去，你必须在早上9点、中午12点和下午3点分别打开这三个处方。你必须同意遵照处方，除非时间到了，否则不得打开。”

于是，这位年轻人按照医生的嘱咐来到海边。

他到达海边时，正好九点，没有收音机、电话。他赶紧打开处方，上面写道：“专心倾听。”他开始走出车子，用耳朵倾听，他听到了海浪声，听到了各种海鸟的叫声，听到了风吹沙子的声音，他开始陶醉了，这是另外一个安静的世界。快到中午的时候，他很不情愿地打开第二个处方，上面写道：“回想。”于是他开始回忆，他想起小时候在海边嬉戏的情景，与家人一起拾贝壳的情景……怀旧之情汩汩而来。近3点时，他正沉醉在尘封的往事中，温暖与喜悦的感受，使他不愿去打开最后一张处方，但他还是拆开了。

“回顾你的动机。”这是最困难的部分，亦是整个“治疗”的重心。他开始反省，浏览生活工作中的每件事、每一状况、每一个人。他很痛苦地发现他很自私，他从未超越自我，从未认同更高尚的目标、更纯正的动机。他发现了疲倦、无聊、空虚、压力的原因。

这个故事中，这位年轻人通过医生的建议来到海边，给了自己一个反省自我的机会，才认识到自己的缺点——自私、从未超越自我、从未认同他人，这就是他感到空虚、压力大的原因。心理学家曾说过：“人是最会制造垃圾污染自己的动物之一。”正如清洁工每天早上都要清理人们制造的物质垃圾一样，我们要想彻底消除倦怠，也必须经常反省自己，时刻清洗心灵和头脑中那些烦恼、忧愁、痛苦等精神垃圾，真正让自己时刻心如明镜，洞若观火，以最好的状态去投入工作。

然而，现代人在多了一份自信心的同时却少了一种“自省”的精神。他们喜欢得到他人的称赞夸奖，更少有可能去反省自己了。在我们上学时，老师可能经常教诲我们，“每天反省自己”。这确实是一句颇有价值之言，你如果能好好照着去做，一定受益匪浅。

德国诗人海涅说过：“反省是一面镜子，它能将我们的错误清清楚楚地照出来，使我们有改正的机会。”所谓“反省”，就是反过身来省察自己，检讨自己的言行，看自己犯了哪些错误，看自己有没有需要改进的地方。那你每天应该反省些什么呢？

（1）人际关系。你今天有没有做过什么对自己人际关系不利的事？你今天与人争论，自己是否也有不对的地方？你是否说过不得体的话？某人对你不友善是否还有别的原因？

（2）做事的方法。反省今天所做的事情，处事是否得当，怎样做才会更好

（3）生命的进程。反省自己至今做了些什么事，有无进步，是否在浪费时间，目标完成了多少。

如果你坚持从这三个方面反省自己，那一定可以纠正自己的行为，把握行动的方向，并保证自己不断进步。

成功的秘诀在于不断学习

在知识经济的时代里，如果你空有资金，却缺乏知识，没有最新的讯息，那么无论何种行业，你越拼搏，失败的可能性越大；但是如果你有知识，没有资金的话，小小的付出就能够有回报，并且很有可能获得成功。现在跟数十年前相比，知识和资金在通往成功的道路上所起的作用完全不同。

1.学习是一种习惯

学习，则是我们每个人都应该养成的良好习惯与性格。一个人若是将学习养成一种习惯，就能够把握人生的正确方向。在现实生活中，许多人知识匮乏，能力不足，碌碌无为，有的人甚至步入歧途，这就是因为缺乏持续学习的习惯。

2.慢慢领悟学习的乐趣

其实，一个很重要的原因就是他们不能自觉、持续地学习。有的人从来不当学习是乐趣，而是把学习当作一种负担；有的人说起学习来头头是道，但是，自己从来都缺少实际行动。他们不学习的原因并不是“学习枯燥乏味”“太忙没时间”，而是他们没有养成良好的学习习惯。

著名语言文字学家周有光年逾百岁时，仍坚持每天伏案学习，笔耕不辍。有人问他：“您都一百多岁了，又有那么多成果，为何还那么辛苦呢？”他坦然一笑，回答说：“辛苦吗？我没觉得，一辈子的习惯，想改都难。”当学习已经成为了一种习惯，你想摆脱都很难了。一个善于学习的人，他的内心是极为满足的，而他的才情都是用足够的知识和生活经历所积累的。

行动起来，一勤天下无难事

对于任何成功人士而言，勤奋都是其成功的必备要素。可以说，一切的成功都以勤奋为基石，唯有勤奋，才能帮助我们在人生的道路上辛勤耕耘，挥洒汗水和泪水，也才能帮助我们告别懒惰，更加珍惜人生中宝贵的一分一秒。

尽管时代在变迁，但是勤奋对于人生的重要意义和影响，始终不曾改变。从古至今，那些最终在人生中获得伟大成就的人，无一不是勤奋刻苦的人。可以说，勤奋是人生中最大的资本，甚至远远比聪明能干更加重要。倘若聪明的人只有小聪明，缺乏持之以恒的精神，那么他们最终就会因为失去勤奋的支撑，一事无成，人生也会黯然失色。常言道，一勤天下无难事，意思就是说，勤奋能够帮助我们战胜人生中的艰难坎坷，也能使我们摆脱人生的困境，从而使我们更加坚定执着地向着目标奋进。

在大自然中，也有很多勤奋的生物，诸如蜜蜂，历来被认为是勤奋的代表。我们也应该像小蜜蜂一样，辛辛苦苦采蜜，才能让人生得到更加丰硕的收获和回报。

匡衡是汉朝人，在他年纪很小的时候就勤奋好学，特别喜欢读书。然而，因为家境贫寒，匡衡白天必须跟随父母下地干活，帮助父母养家糊口。只有到了晚上，在结束一天辛苦的工作后，他才能坐下来认真读书。然而，匡衡的家里是在太穷了，父母根本买不起昂贵的灯油，因而匡衡只能眼睁睁地看着时间白白浪费，心急如焚。有一天，匡衡无意间看到邻居家里发出明亮的光，原来，匡衡家的邻居生活富裕，每当晚上就会在各个房间点燃油灯，把屋子里照得亮如白昼。匡衡思来想去，向邻居提出了不情之请："我家实在太穷了，买不起灯油，能否请您允许我借您家里的方寸之地，我只要靠着窗外读书就可以。"不想，为富不仁的邻居非但不允许匡衡借着窗外的方寸之地读书，反还无情地讽刺匡衡："你天生就是穷人的命，既然连蜡烛都买不起了，还读书做什么呢！我看啊，你还是老老实实地认命吧！"匡衡受到邻居的冷嘲热讽，很生气，因而从此之后更加发奋读书，发誓一定要改变自己的命运。

他偷偷地在和邻居共用的墙壁上凿了一个小洞，这样一来，邻居家的光就会透过小洞投射到他的书本上。每天晚上，他都借助于这微弱的灯光，如饥似渴地读书，直到读完了家里所有的书，他依然觉得自己必须更加勤奋努力。为此，他想方设法四处借书，直到听说有个大户人家藏书丰富，因而他毫不犹豫地卷起被子来到大户人家，对主人说："听说您家里的书很多，我愿意来免费给您干活，只要您允许我读您家里的书。"主人被匡衡热爱读书的精神感动了，当即答应了匡衡的请求。从此之后，匡衡饱读诗书，进步神速。也正因为如此，他后来才能成为大名鼎鼎的学者，官至丞相，成为了汉元帝的得力重臣。

每个人要想在这个世界上立足，除了自身的良好素质之外，还需要勤奋。假如事例中的匡衡不是如此努力，能够凿壁偷光，刻苦读书，也就只能接受命运的残酷安排，一辈子面朝黄土背朝天。可以说，匡衡正是凭借着努力才改变了自身的命运，也才能够成为人生赢家，得到人生的丰厚馈赠。

对于任何人而言，勤奋都是通往成功的必经之路。假如没有勤奋，即便是天赋异禀的人，也最终会湮没在命运的洪流中，更无法成功改变命运。对于任何人而言，成功也都是打开成功道路的钥匙，更是人生之中最宝贵的品质，能够让我们的人生柳暗花明，出人头地。所谓勤能补拙，这充分说明一个人即使不够聪明，只要坚持勤奋努力，也一定能够获得梦寐以求的成功。因而朋友们，再也不要以自己不够聪明或天资不够为借口放弃努力，只要我们从现在开始更加勤奋，持之以恒地努力，人生一定会获得喜出望外的收获！

活到老学到老，年轻时有什么借口不学习呢

现代社会，有很多年轻人都有着远大的志向、伟大的抱负，急切盼望能够做出一番惊天动地的大事来，让自己的人生更加灿烂辉煌。然而，他们尽管眼界很高，却始终拖延着无法马上展开切实的行动，也因此导致自己距离人生目标越来越

远，甚至为此失去人生的方向。

对于任何人而言，年轻的时光都是学习和给自己充电的好时候。所谓一分耕耘一分收获，种瓜得瓜种豆得豆，每个人都只能依靠自身的努力，才能不断提升和完善自我，从而才能创造人生的辉煌。相反，假如年轻的时候不努力，等到年纪大了才又想给自己补课，则一定会事倍功半。归根结底，每个人都无法摆脱自然规律的束缚。在年轻时，人们不但精力旺盛，理解力、记忆力等各种与学习相关的能力也都处于鼎盛时期。在年龄到达一定阶段后，这些相关能力都会因为自然规律而呈现出下降的趋势，此时再逆流而上，岂不是自讨苦吃呢！

也许有人会说，前文不是还说要活到老学到老么，怎么现在又说老了之后学习很费劲呢？的确，前文是说人应该活到老学到老，但是如果在年轻的时候打下坚实的基础，年老之后的学习也会变得更加轻松。相反，假如年轻时落下很多功课，年老了再学习就成为一种费心劳神的事情，效果也不会很好。既然如此，我们为何不在对的时间做对的事情呢！趁着年轻给自己充充电，未来的人生也会变得更加轻松自若，更能够得到良好的发展，何乐而不为呢！

作为一名老师，乔丽如今已经有了十年教龄。然而，尽管她对语文教学得心应手，却始终因为作文教学的缺陷，无法被评选为优秀老师，也得不到大家的认可。原来，乔丽早在读大学期间就不喜欢看书，对于老师特意安排的阅读名著的学习任务，她也总是靠着抄别人的蒙混过关。尤其是对于老师布置的读书笔记，她更是从来不花费脑细胞写任何一个字，甚至连书也不翻一番。的确，她的大学时光非常轻松潇洒，但是如今的她却因为年轻时的不努力懊悔不已，因为她不但知识面狭窄，也根本没有丰厚的文化底蕴指导孩子们写作文。

有一次，学校领导组织听课，规定所有语文老师都必须上作文课。这可把乔丽为难死了。凭着她那胸无点墨的现状，根本不可能把作文课上得生动出彩。就这样，乔丽的作文课上得一塌糊涂，她也因此与优秀教师绝缘。

任何一位语文教师，决不能仅仅成为一名教书匠，而是要以自身深厚的文化素养，成为孩子们的启蒙导师和文字的引路人。老师肚子里有一杯水，才能教给孩子一滴水；老师肚子里有一缸水，才能教给孩子们一杯水。记住，教师绝不是知识的搬运工和传声筒，唯有把知识内化到自己的心灵深处，才能声情并茂地将其灌输给孩子们，滋润孩子们干涸的心田。因而语文教师看起来是个简单的工作，实际上最考验老师的综合素养和文学修养。事例中的乔丽假如能够在读大学期间多读一些名著和经典作品，如今在面对孩子们时也就不会如此尴尬了。

朋友们，一个人要想在人群中鹤立鸡群，就一定要有自己出彩的地方。生活中有很多人都因为年轻时没有努力，只能在普通的工作岗位上按部就班地度过一生，毫无创造性可言。从某种意义上而言，人们在年轻时为自己奠定的坚实基础，甚至能够影响到我们一生的命运。因而，朋友们，趁着还年轻，赶快打起精神来努力充实自己吧，这样我们才能抓住生命中不期而至的机会，彻底改变命运！

不要让缺点成为人生的阻碍

著名的木桶理论告诉我们，一只木桶能装多少水，并不取决于木桶最长的那块板，而是取决于木桶最短的那块板。的确，就算是长板很长，木桶在装水之后，一旦水的高度超出短板，马上就会流出去，这样一来木桶也就无法按照长板的高度装水。其实，人也和木桶一样，既有长板，也有短板。人的长板就是优点，人的短板就是缺点，因而我们在人生之中，除了要发挥自身的优点和长处之外，也要留意弥补自己的缺点和短处。要知道，虽然我们的人生要扬长避短才能获得好的发展，但是我们也要注意避免让缺点成为人生的阻碍。

人们常说，金无足赤，人无完人，这句话非常有道理。在这个世界上，从未有过十全十美的人，也没有过只有缺点没有优点的人，正是这些优缺点，才使我们成为一个有血有肉、鲜活的人。虽然我们承认没有任何人能够远离缺点，但是我们也必须更加关注缺点，而不能放任缺点发展。否则，这些缺点就会不断地扩张和恶化，最终导致我们的人生变得被动。

当然，我们也无需因为弱点而自卑，归根结底，只要我们主动出击，改变自己，这些弱点假以时日都是可以得到有效改善的。例如有很多朋友从小就性格内向，胆小自卑，但是这并不意味着他们长大之后不会改变。只要他们发自内心地想要改变，他们总是能够渐渐改变自己，从而让自己越来越接近期望的样子。

从小，旭旭就是一个特别自卑内向的孩子。因为父母离异，她总是沉默寡言，从幼儿园到小学，再到初中、高中，甚至包括大学时代，她都默不作声。偶尔被老师点名提问，她才会小声回答。就这样，旭旭在沉默和自卑中度过了人生中的学习阶段，如今她已经大学毕业，必须马上工作，帮助单身的母亲供养弟弟读书、上大学。

旭旭很清楚，这些年来母亲孤身一人抚养她和弟弟长大，简直吃足了苦头。所以，她也很愿意尽快工作，从而帮助母亲照顾家庭，分担重任。然而，现代社会大学生简直太多了，旭旭并没有因为大学毕业就找到合适的工作。在四处奔波一个多月没有找到合适的工作后，她决定选择销售工作。众所周知，销售工作虽然入行门槛较低，但是没有销售业绩就没有薪水，这样残酷的考核机制使得很少有人能够把销售工作做好。旭旭原本是个不愿意说话的人，如果进入销售行业，她不得不逼迫自己多多表达，和客户进行良好沟通，从而才能成功展开工作。最初，旭旭的确很不习惯，但是随着时间越来越长，她每天都逼着自己战胜自己的羞涩，勇敢地去与他人交流。日久天长，她果然变得越来越开朗，而且工作表现也更加优秀了。

每个人都有优点和缺点，这些缺点不断发展，也许会成为我们的弱点。但是，只要我们像事例中的旭旭一样，在认识到自身的问题之后就马上勇敢面对，积极改进，那么弱点就不会成为我们人生的障碍。对待弱点，最不应该的就是逃避。倘若我们总是回避弱点，不敢正面面对弱点，那么任由弱点发展下去，弱点就会成为我们人生的阻碍，导致我们的人生发展受到限制。

尤其是对于年轻人而言，看清楚自己是一种智慧。不管什么时候，我们都要努力看清自己，并且要有针对性地改变和超越自己。现代社会瞬息万变，我们只有与时俱进，让自己成为有才华有能力的人，才能得到自己梦寐以求的成功，才能最大限度让自己变得优秀起来。

参考文献

[1]毕淑敏.在不安的生活里，给自己安全感[M].北京：北京联合出版公司，2015.

[2]（美）戴尔·卡耐基.做内心强大的自己[M].北京：新世界出版社，2012.

[3]袁超.幸福的阶梯[M].北京：中国海洋大学出版社,2016.

[4]（美）克里斯托弗·彼得森.打开积极心理学之门[M].北京：机械工业出版社，2016.